JN006173

口絵 1 ヤンマー製 6EY17 形船舶主機関用ディーゼルエンジンを搭載した漁船

口絵 2

**ヤンマー製 12AY 形船舶主機関用
ディーゼルエンジン（機械式）**

主機関用、補機駆動用、陸用発電機用など
多用途展開している AY 形シリーズのなか
の V 形機関

定格出力：1220kW、定格回転速度：1880min^{-1}

口絵 3

**ヤンマー製 6CXB 形船舶主機関用
ディーゼルエンジン**

小型漁船に搭載するべくコンパクトに
専用設計した船舶主機関用高出力機関

定格出力：330kW、定格回転速度：2616min^{-1}

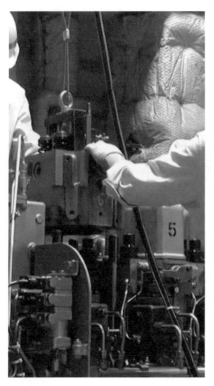

口絵 4

シリンダヘッド取り外し作業事例
（5-2 節参照）

口絵 5

ピストン、コネクティングロッド
取り外し作業事例
（5-3 節、5-4 節参照）

口絵 6

芯出し調整不良を主原因とする曲げ荷重によるクランクシャフト折損事例（7-3 節参照）

舶用ディーゼルエンジン

—構造・保守・整備—

改訂版

ヤンマーパワーテクノロジー株式会社　編著

成山堂書店

本書の内容の一部あるいは全部を無断で電子化を含む複写複製
（コピー）及び他書への転載は，法律で認められた場合を除いて
著作権者及び出版社の権利の侵害となります。成山堂書店は著
作権者から上記に係る権利の管理について委託を受けています
ので，その場合はあらかじめ成山堂書店（03-3357-5861）に
許諾を求めてください。なお，代行業者等の第三者による電子
データ化及び電子書籍化は，いかなる場合も認められません。

ま　え　が　き

　"船舶用ディーゼルエンジン"は、推進用、発電用、作業機駆動用など、その動力源として、令和時代となった現在でも多くのお客様のもとで活躍していることは、ご存知だろうと思います。

　その船舶用ディーゼルエンジンに関連した教書のひとつとして、私どもヤンマーパワーテクノロジー株式会社のOBである藤田護氏の著書「舶用エンジンの保守と整備」がありますが、その著書も5訂版として平成10年3月に出版以来、20年以上の月日が経過しており、例えば、電子制御についての追記など、その内容の一部を令和の時代にも合わせるべきと考えました。

　そこで、本書は、その前身である「舶用エンジンの保守と整備」をベースに、進化した技術として時代に合わせて変えるべきところは変えて、基礎技術として変えてはいけないところは変えることなく、さらに新たに加わった技術は追加するなどといった改訂を行い、新たに『舶用ディーゼルエンジン　―構造・保守・整備―』と題して、執筆しました。

　ところで、本書を手に取って読んでくださる方々は、主には船舶関係の業務に就くプロフェッショナル、あるいはプロフェッショナルを目指そうとしている皆様であろう、と思います。私どもヤンマーパワーテクノロジー株式会社は、船舶用も含めた産業用ディーゼルエンジンなどを製造、販売するメーカーであり、船舶関係という大きな業界においては、そのなかのイチ部品メーカーに過ぎません。しかし、そのディーゼルエンジンは、船舶の推進を担う重要部品であること、そして、私どもが気持ちを込めて生み出した製品でもある、ということから、ディーゼルエンジンを大切に扱ってほしい、実際の業務のなかでディーゼルエンジンをパートナーとして永く仲良く付き合ってほしい、と切に願っています。

　そのディーゼルエンジンを読者の皆様にも大切に扱っていただくには、さらにパートナーとして仲良く付き合っていただくには、保守、整備はもちろんのこと、ディーゼルエンジンとは何なんだ、ということを知って、興味を持っていただくことが重要だろうと考えております。例えば、親友、あるいは家族との付き合いのごとく、実際の船舶関係の業務においては、ディーゼルエンジンもその仲間に加えていただきたい、という想いをもって、本書を執筆しました。

　ぜひ、この本をきっかけに船舶用ディーゼルエンジンを知っていただき、そしてこの本をディーゼルエンジンをパートナーとしてうまく付き合うための愛読書のひとつに加えていただけると大変うれしく思っております。

　また、本書の執筆において資料の引用や提供など、ご協力いただいた皆様に、この場をお借りして感謝申し上げます。

　2021年5月

　　　　　　　ヤンマーパワーテクノロジー株式会社　井口　克之

改訂にあたって

　今回の改訂では、重要な整備のひとつである芯出し、デフレクションの項目に船舶特有の浮芯（うきしん）、陸芯（おかしん）という状況を加味した船舶の実働状態を想定したうえでのチェックについての記述を追加しました。これにより船舶の特性にあわせた整備にも着目していただけるとうれしく思っております。

　2024年2月

　　　　　　　ヤンマーパワーテクノロジー株式会社　井口　克之

目 次

第5章　主要部の整備方法

第6章 関連装置の整備方法

第7章　主要部品の使用限度と調整

第8章　船舶用ディーゼルエンジンの運転手順

第1章　ディーゼルエンジンの原理

　本書で説明するディーゼルエンジンは、1893年にルドルフ・ディーゼル博士により発明され、1899年にドイツにおいて世界で初めて実用製品化されて以降、数kWの小型エンジンから、数万kWの大型エンジンまで、さまざまな出力レンジ、種類が存在し、船舶用のみならず、自動車用、農業機械用、建設機械用、陸用発電機用、陸用ポンプ場用など、さまざまな用途に広く用いられている。

　それらのなかで、船舶用においては、お客様を運ぶ旅客船、コンテナなどを運ぶ貨物船、石油などを運ぶタンカーのほか、作業船や漁船など、さまざまな船舶で推進用エンジンや発電用エンジンが搭載されている。船舶の種類にもよるが、これらのエンジンには、熱効率が比較的高く、信頼性も有するディーゼルエンジンが採用されている場合が多い。

　なかでも、漁船法で定められた計画総トン数が20トン未満の漁船、あるいはそれと同等程度の大きさの各種船舶に搭載されているディーゼルエンジンは、4ストロークサイクルの水冷ディーゼルエンジンが採用されていることが多い。

　そこで、本書では、主にシリンダボア直径φ260mm以下の4ストロークサイクルの水冷ディーゼルエンジンについて説明する。

　このディーゼルエンジンの大きな特徴としては、シリンダ内に吸入した空気を高温、高圧化したうえで、そのシリンダ内に非常に高い圧力をかけた燃料油を、ごく小さい穴から霧状に噴射させたうえで、燃料と空気を反応させることにより燃焼させ、その燃焼により発生した熱エネルギーなどから動力を取り出す、という機械構造物ということである。ここで、図1.1にディーゼルエンジンの構造概略図を示す。

　また、前述の通り、ディーゼル
エンジンは、燃焼によって発生し
た熱エネルギーを動力に変換する
機関のひとつであるとともに、シ
リンダヘッドやシリンダライナ、
ピストン、などといった部品や仕
組から構成された燃焼室内で間欠
的な燃焼を行うことも構造的な特
徴のひとつである。そこで、4ス
トロークサイクルのディーゼルエ
ンジンにおける機関運転時の燃焼
サイクルの概念（イメージ）を図
1.2に示す。

　この4ストロークサイクルの
ディーゼルエンジンは、吸気
（Suction）、圧縮（Compression）、燃
焼（Combustion）、 排 気
（Exhaust）の行程を一定間隔で繰
り返すことにより、機関を連続的
に運転している。

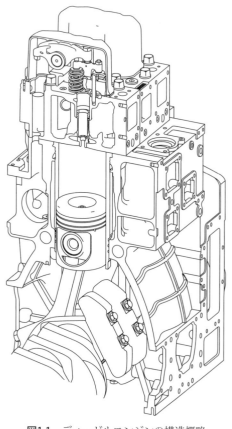

図1.1　ディーゼルエンジンの構造概略

　次に、4ストロークサイクルのディーゼルエンジンの各行程における詳細な
説明を以下に記述する。

　①吸気行程：吸気行程はシリンダヘッドに組み込まれた吸気バルブを開いた
　　　　　　　うえで、外気もしくは排気ガスタービン式過給機などのコンプ
　　　　　　　レッサーにより圧縮された空気を燃焼室内へ吸入する行程であ
　　　　　　　る。

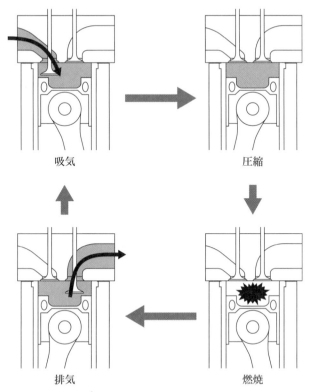

吸気　　　　　　　　　　　　　　圧縮

排気　　　　　　　　　　　　　　燃焼

図1.2　　4ストロークサイクルのディーゼルエンジン機関運転
時の燃焼サイクルの概念

②圧縮行程：吸気行程の次の行程が圧縮行程である。この圧縮行程ではシリ
　　　　ンダヘッドに組み込まれた吸気バルブ、同じくシリンダヘッドに
　　　　組み込まれた排気バルブを両方とも閉じたうえで、吸気行程で吸
　　　　入した空気をピストンの上昇により断熱圧縮し、その吸入空気の
　　　　圧力および温度を上昇させる行程である。

③燃焼行程：圧縮行程の次の行程が燃焼行程である。この燃焼行程では吸気
　　　　バルブ、排気バルブを両方とも閉じたうえで、圧縮行程で断熱圧
　　　　縮された高圧で、かつ燃料の自己着火温度以上の温度に上昇した

　　　　　空気が存在する燃焼室内へ燃料を霧状に噴射して燃料を爆発、燃
　　　　　焼させることにより熱エネルギーを発生させ、燃焼室内をさらに
　　　　　高温高圧状態にし、その高温高圧状態となった燃焼ガスを利用し
　　　　　てピストンを押し下げることにより、発生した熱エネルギーを外
　　　　　部へ動力として出力する行程である。この行程で生み出された熱
　　　　　エネルギーが主にディーゼルエンジンの動力源となる。

④排気行程：最後の行程が排気行程である。この排気行程では、次の新しい
　　　　　燃焼サイクルを実施するために、排気バルブを開いたうえで、燃
　　　　　焼後の排ガスを外部へ排出する行程である。このように吸気、圧
　　　　　縮、燃焼、排気の 4 つの行程を順に経て、改めて最初の吸気行程
　　　　　に戻る。

　次に、ディーゼルエンジンにおいて、前述の機関運転時の燃焼サイクルにお
ける燃焼室内の圧力変動の例を図1.3に示す。ディーゼルエンジンの機関運転
時は、前述のような 4 つの行程を順次、一定間隔で繰り返しているため、燃焼

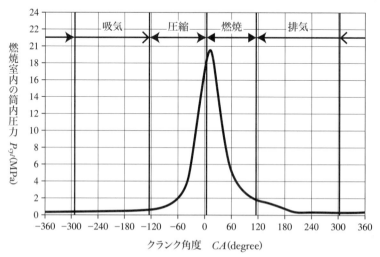

図1.3　ディーゼルエンジンの機関運転時における燃焼室内の圧力変動の例

室内の筒内圧力もこの行程にあわせて一定間隔で変動している。この圧力変動は、例えば1500min^{-1}の回転速度で運転されている4サイクルディーゼルエンジンの場合、0.08秒ごとに繰り返されている。

　このような原理で運転されるディーゼルエンジンのなかでも、漁船法で定められた計画総トン数が20トン未満の漁船、あるいはそれと同等程度の大きさの各種船舶に搭載されているディーゼルエンジンにおいては、経済的な観点からの省燃費性能、あわせて、国際海事機関（International Maritime Organization：IMO）が定めるNOx規制（排ガス規制）に代表される環境対応の観点からの環境性能向上、さらに、作業時間の短縮などの観点からの動力性能向上から、軽量、小型、高出力化の方向に進化しているものが多い。

　ここまで本章では、ディーゼルエンジンは記述した原理で作動する機械構造物であることを説明した。次の章では、そのディーゼルエンジンを構成している各仕組の構造の詳細について説明する。

第2章　ディーゼルエンジンの構造

　本章では、主に機械構造物という観点から、ディーゼルエンジンの詳細を説明するべく、その構成や構造について重点的に述べる。

　ディーゼルエンジンは、大きく分けて、主要な外枠の構造を形成しているエンジン主体部、燃焼室内で発生した熱エネルギーを動力に変換し、その動力を外部へ伝達するための主要運動部、ディーゼルエンジンを安定的に動かすための補助装置とも言える補機類から構成されている。本章では、これらの構造についての詳細を、それぞれ順に説明する。

2-1　ディーゼルエンジンの全体構造

　まず、ディーゼルエンジンの全体構造について説明する。ディーゼルエンジンの外観写真の例を図2.1に示す。図2.1(a)は動力の取り出し側（Power Take Off-PTO）で発電機や、船舶用のプロペラを動かす主推進器などの作業機とをつなぐ部品でもあるフライホイールの側面から見た図である。手前に見える大きな円盤がフライホイールである。一方、図2.1(b)はPTOの反対側である反フライホイール側から見た図である。この例に示したディーゼルエンジンでは過給機やインタークーラ、冷却水ポンプ、潤滑油ポンプなどが反フライホイール側端面に配置されている。次に、ディーゼルエンジンの主要断面図の例を図2.2に示す。図2.2(a)はクランクシャフトを基準に軸直角方向に断面を切った横断面図であり、図2.2(b)はクランクシャフトを基準に軸方向に断面を切った縦断面図である。

（a） フライホイール側から見た外観　　（b） 反フライホイール側から見た外観

図2.1 ディーゼルエンジンの外観

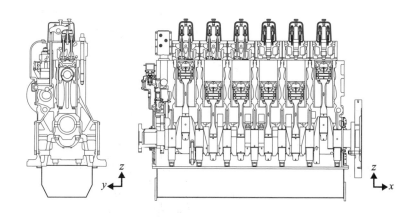

（a） 横断面図　　　　　　　　（b） 縦断面図

図2.2 ディーゼルエンジンの主要断面図

2-2　主体部

　ディーゼルエンジンを構成している主な仕組[※2-1]のうち、まず、エンジン主体部について説明する。図2.3に示す二重枠で囲んだシリンダブロック、主軸受（メタルキャップ）、シリンダライナ、シリンダヘッドなど、ディーゼルエンジンの筐体部分に相当する部品で構成された部位がエンジン主体部である。このエンジン主体部を構成している部品には、主にエンジンを組み立てる時に作用するボルトの締め付け軸力による荷重や燃焼室内で発生する筒内圧力による荷重などの機械的荷重が作用する。さらに、シリンダヘッドやシリンダライ

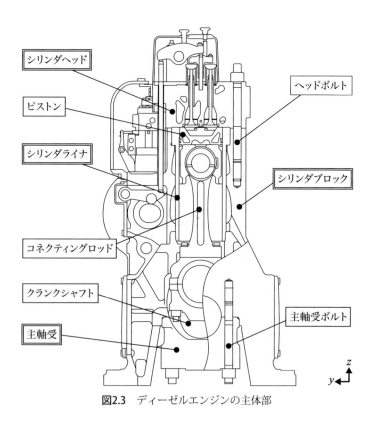

シリンダヘッド

ピストン

シリンダライナ

ヘッドボルト

シリンダブロック

コネクティングロッド

クランクシャフト

主軸受ボルト

主軸受

z
y

図2.3　ディーゼルエンジンの主体部

ナなどの燃焼室を構成する部品には、燃焼室内での燃焼によって生じた熱負荷による荷重も作用する。そのため、これらの部品にはさまざまな負荷に対する強度が必要なのである。さらに、吸排気や潤滑油、冷却水の通路などを内蔵していることから、比較的複雑な構造をしている。そのため、これらの部品には強度の確保と製造の容易さを両立できる高強度の片状黒鉛鋳鉄や球状黒鉛鋳鉄などといった高機能な材料がよく用いられる。

2-2-1　シリンダブロック

　ディーゼルエンジンをはじめとした、往復動式の内燃機関という機械構造物にとって、フレーム（骨組）ともいえる重要部品が、シリンダブロックである。

　このシリンダブロックには大きく分けて、製造、組立、分解が容易な台板式と、高剛性化や信頼性向上を目的としたハンガーベアリング式がある。ここで、台板式のシリンダブロックの概略図を図2.4に、ハンガーベアリング式のシリンダブロックの概略図を図2.5に、それぞれ示す。

　ところで、ディーゼルエンジンは、その運動変換機構の中には、摺動部も存在しており、その摺動部がスムーズに動くように、エンジンの内部に潤滑油を保持し、エンジン全体にその潤滑油を供給している。その潤滑油を主に保持している部位を油溜めと称しているが、台板式においては、その台板自体が油溜めを兼ねた構造となっているため、別体の油溜めというものは不要である。一方で、ハンガーベアリング式の場合、油溜めを目的としたオイルパンという別体の構造物が必要である。そのオイルパンについては、エンジンの出力や顧客の要望などによって、さまざまな種類のタイプが存在する。

　まず、エンジン毎に必要なすべての潤滑油を単体でまかない、かつ、自己閉回路とするべく、潤滑油吸入管などの機能も内蔵したウェットサンプ式のオイルパン、という構造がある。この構造の特徴としては、特別な追加装置を装備することなく、エンジン単体のみで、潤滑油循環機能は自己完結しているところにある。

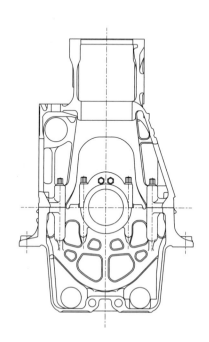
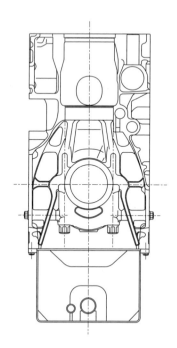

図2.4　台板式のシリンダブロックの概略図　**図2.5**　ハンガーベアリング式のシリンダ
　　　　　　　　　　　　　　　　　　　　　　　　　ブロックの概略図

　また、同一船舶内に搭載されている複数のエンジンと潤滑油を共用したり、あるいは、潤滑油のメンテナンスインターバル（間隔）を長くするなどといったことを目的に、エンジンに機付しているオイルパンとは別に、大型のタンクを装備し、その代わりに、エンジン機付のオイルパンは簡素化する、というドライサンプ式オイルパン、という構造もある。このドライサンプ式オイルパン、という構造は、複数のエンジンを搭載し、それらに供給する潤滑油を一括して集中管理するような、大型の船舶に採用されることが多い。

　さらに、前述のウェットサンプ式オイルパン、ドライサンプ式オイルパンの中間的な位置付けである、セミドライサンプ式オイルパン、という構造もある。

2-2-2　主軸受、同ベアリング

　クランクシャフトを支える主軸受構造は、前述の"2-2-1項　シリンダブロック"で説明した、台板式とハンガーベアリング式それぞれのシリンダブロックにあわせて、土台を下にして、主軸受を上から装着することによりクランクシャフトを支えるタイプ（台板式）と、主構造物を上にして、主軸受を下から装着するタイプ（ハンガーベアリング式）の大きく分けて2つの種類がある。これらの構造の概略については、前述の図2.4および図2.5も参照されたい。

　また、主軸受に用いるベアリングは、初期なじみ性と潤滑性、耐久性を兼ね備えるべく薄肉のバイメタルが使用されることが多い。

2-2-3　シリンダライナ

　シリンダライナは、エンジンの燃焼室を構成する重要な部品であり、燃焼によって発生した高温ガスに直接晒される、という過酷な環境におかれている部品である。それと同時に、機関運転中におけるピストンの上下運動のガイドとしての役割も担っている部品でもある。このような特徴を有する部品であるシリンダライナはピストンやピストンリングとの相対的な摺動部位でもあることから、耐摩耗性の高い特殊鋳鉄が多く用いられている。また、摺動部位ということもあり、潤滑性を保持するべく、内表面は精密な円筒加工後にホーニング仕上げを行う、といった精密加工を要する部品でもある。このシリンダライナも、ディーゼルエンジンの実際の使用方法や必要とされる機能的特徴に応じて、さまざまに異なる構造を有している。大きくはウェットライナ構造、ドライライナ構造、スリーブレス構造という3つの構造[1]に分けられる。それらの構造的特徴と、それぞれに適用される主な市場について順を追って説明する。

2-2-3-1　ウェットライナ構造

　図2.6にウェットライナ構造の概略を示す。エンジンの運転時に燃焼室内で燃料を爆発、燃焼させることによって発生する熱エネルギーを受けることによりシリンダライナが加熱されるが、この加熱されたシリンダライナをシリンダ

ブロックとシリンダライナによっ
て形成された冷却水室（ウォー
タージャケット）を流れる冷却水
に直接的に接触させて冷却する構
造がウェットライナ構造である。
このウェットライナ構造は、比較
的、大型のディーゼルエンジンに
よく採用されている。

　このウェットライナ構造は、シ
リンダブロックの上面に設けられ
たトップデッキ棚部（Upper deck
of Cylinder block）と称する部位により、シリンダブロックとは別部品である

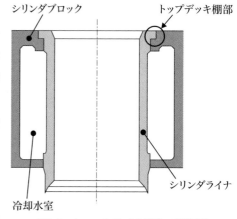

図2.6　ウェットライナ構造の概略図

シリンダライナの上下方向を位置決めして組み立てる構造である。このウェッ
トライナ構造では、シリンダライナを直接的に冷却する構造を採用しているた
め、シリンダライナの冷却効率が非常に良好である、という特徴を有してい
る。また、長時間のエンジン運転によるシリンダライナの摩耗に対しても、代
替シリンダライナへの交換が容易であるといった特徴も有している。その他に
も、シリンダブロック側の構造が簡単で鋳造性が良好であるという特徴もあわ
せ持っている。一方で、シリンダブロックの小型化が困難、シリンダブロック
の剛性が他の形式に比べると低い、あるいは、シリンダブロックとシリンダラ
イナとの接触面からの冷却水漏れのリスクが存在する、などの短所も有してい
る。このような特徴を有していることから、このウェットライナ構造は、長時
間運転が必要とされ、また、エンジンの修繕には、エンジン完成品の入れ替え
ではなく、部品交換によるメンテナンスを実施するといった、大型かつ大出力
で長時間運転を要求されるディーゼルエンジンによく採用されている。このよ
うなディーゼルエンジンの用途としては、外洋を航行する大型船舶用主機関や
大型船舶における船内電力発電用補機関、陸用常用発電用機関などが挙げられ
る。

2-2-3-2 ドライライナ構造

図2.7にドライライナ構造の概略を示す。加熱されたシリンダライナをスリーブガイドと呼ばれる部位を通して間接的に冷却水で冷却する構造がドライライナ構造である。このドライライナ構造は、小型漁船の推進用などのディーゼルエンジンによく採用されている。

このドライライナ構造は、シリンダブロックとは別部品であるシリンダライナをシリンダブロックの上面に設けられたトップデッキ棚部により、上下方向を位置決めして組み立てる構造であるというところまではウェットライナ構造と同じ構造であるが、本構造の特徴としては、シリンダブロックにシリンダライナ挿入用のスリーブガイドが設けられており、そのス

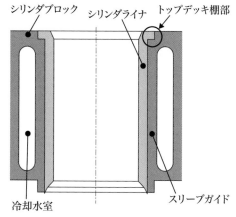

図2.7 ドライライナ構造の概略図

リーブガイドに沿って、ウェットライナ構造よりも薄肉のシリンダライナを挿入し、組み立てるという点が挙げられる。そのため、シリンダライナはスリーブガイドを通して間接的に冷却される。また、本構造のさらなる特徴として、ウェットライナ構造に比べて、シリンダブロックの剛性が高くなる点が挙げられる。さらに、エンジンの小型化が可能、冷却水漏れの可能性が低いなどの特徴を有する一方で、シリンダライナはエンジン内を循環する冷却水とは直接接触しておらず、その冷却はスリーブガイドを通して行われるため、ウェットライナ構造に比べると冷却効率が悪くなるという短所も有している。そのため、シリンダライナは高温になりやすく、その高温になったシリンダライナの熱変形によって、潤滑油消費量の増大や、あるいはピストンやピストンリングなどと焼き付きを起こすリスクが高くなる、という短所を有している。また、シリンダブロックの構造が複雑になるため、鋳造性が悪くなり、鋳造欠陥を生じや

すい、などの短所もあわせ持っている。しかし、シリンダブロックの剛性が比較的高く、さらに、たとえ長時間の運転によってシリンダライナが多く摩耗しても、その摩耗したシリンダライナの交換が可能である、といった特徴も有している。このような特徴を有していることから、このドライライナ構造は、やや長時間運転を必要とし、多少のメンテナンスを必要とする小型漁船やプレジャーボートの推進用エンジンなどによく採用されている。

2-2-3-3　スリーブレス構造

　図2.8にスリーブレス構造の概略を示す。エンジン主体部を構成する部品のうち、ピストンの摺動に対するガイドの機能を有するシリンダライナが無く、その代わりにシリンダライナに相当する円筒部位がシリンダブロックに直接加工されている、という構造がスリーブレス構造である。このスリーブレス構造は、農業機械や小型建設機械の駆動用などに使われるディーゼルエンジンなどによく採用されている。

　このスリーブレス構造は、部品点数が少なく、ドライライナ構造よりもさらに小型化が可能、シリンダブロックのさらなる高剛性化が可能、冷却水漏れの可能性が低いなどの特徴を有している。また、シリンダブロックにはトップデッキ棚部が存在していないため、トップデッキ棚部近傍の隅部からのき裂、などといった強度上、あるいは信頼性に関わる問題は発生しないという特徴をあわせ持っている。一方で、シリンダブロックの構造が複雑になるため、鋳造性が悪くなり、鋳造欠陥を生じやすいなどの短所を有するほか、シリンダライナに相当する部位がシリンダブロックに直接加工されているため、その部位がエンジンの運転によって多く摩耗した場合、シリン

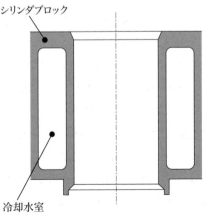

図2.8　スリーブレス構造の概略図

ダブロックごと、あるいはエンジン一体で全部を交換する必要があるなど、整備性が悪いといった短所を持っている。このような特徴を有していることから、このスリーブレス構造は、比較的小型で出力もそれほど高くなく、さらに作業時間が短く、短時間運転しか要求されず、メンテナンスをほとんど必要としない農業機械や小型建設機械の駆動用エンジンなどによく採用されている。

2-2-4　シリンダヘッド

シリンダヘッドは、同じくエンジンの燃焼室を構成しているシリンダライナとともに、燃焼により発生した高温ガスを直接受ける、という過酷な環境に晒されている部品である、と同時に、吸気、排気を担う吸気弁、排気弁を内蔵しており、また、その吸気弁、排気弁を動かすための動弁装置を支え、さらに、燃料噴射弁を装備している、といった、さまざまな機能が組み込まれている重要部品である。そのシリンダヘッドの概略を図2.9に示す。

このシリンダヘッドは、船舶用ディーゼルエンジンにおいても、より高い機能性とともに、より高い信頼性との両立が要求される。そのため、構造的には、吸排気効率を向上させるべく、吸気2弁、排気2弁の4弁式の構造も多く見られる。また、使用材料という面では、その強度特性を向上させるべく、高級鋳鉄、特殊鋳鉄が用いられることが多い。さらには、バーミキュラー鋳鉄や球状黒鉛鋳鉄、鋳鋼などといった、さらに、より強度特性の高い材料を採用する例も増えてきている。

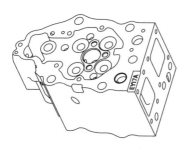
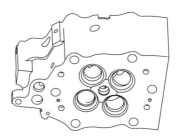

（a）　上面から見た図　　　　（b）　下面（燃焼面）から見た図

図2.9　シリンダヘッドの概略図

2-2-5　燃焼ガスのシール構造

　ディーゼルエンジンの運転において、燃焼ガスが外部へ漏れてしまうと、その熱エネルギーが外部へ漏れることになり、その結果、ディーゼルエンジンの熱効率を下げてしまうことになる。さらに、その燃焼ガスは二酸化炭素などの有毒ガス成分を多く含んだ排ガスであることから、その排ガスが外部に漏れてしまうと、船員や作業員、乗客など周囲の方々に健康被害を及ぼし、人身事故にまで及ぶ恐れもある。そのため、この燃焼ガスが外部に漏れないように燃焼室をシールすることは、ディーゼルエンジンを安全に運転するうえにおいては、非常に重要なことである。この燃焼ガスのシールをするための構造は、大きく分けて、燃焼ガスのみをシールするという単一機能を有するヘッドパッキン構造と、燃焼ガスのほか、シリンダヘッドへの潤滑油連絡通路や冷却水連絡通路なども同時にシールするという複数の機能をあわせ持つヘッドガスケット構造という2つの構造がある。それらの構造的特徴について順を追って説明する。

2-2-5-1　ヘッドパッキン構造

　まず、燃焼ガスのみをシールするという単一機能を有するヘッドパッキンの例を図2.10に示す。このヘッドパッキンは実際にシリンダボア直径260mmのディーゼルエンジンに用いられるタイプのものであるが、このヘッドパッキンをシリンダヘッドとシリンダライナの間にはさみ込み、ヘッドボルトで締め付けてエンジン主体部を組み立てることによって燃焼室内で発生した燃焼ガスを外部へ漏らさないようにシールをする、というものである。このヘッドパッキンはステンレス鋼1枚で製作可能であるなど、構造が単純なうえ、製造コストも安価であるが、一方で、燃焼室内で生じた燃焼ガスの漏れを防

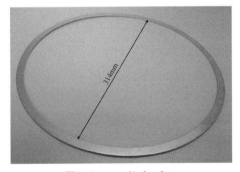

図2.10　ヘッドパッキン

ぐための単一的な機能しか有していない。そのため、シリンダブロックからシリンダヘッドへ潤滑油や冷却水を供給するのに、別部品で作られた通路を別途設置する必要があることから、後述のヘッドガスケット構造を採用しているエンジンよりも組み立て時のエンジンの高さが高くなってしまうといった短所を有している。しかし、燃焼ガスを確実にシールすることができるという特徴を持っていることから、エンジンの高さにはあまりこだわらない、やや大型の機関に採用されることが多い。

2-2-5-2 ヘッドガスケット構造

　次に、燃焼ガスのシールを担う部品であるとともに、シリンダヘッドへの潤滑油の連絡通路や冷却水の連絡通路のシールもあわせて担う部品であるヘッドガスケットの例を図2.11に示す。図に示したヘッドガスケットは実際にシリンダボア直径110mmのディーゼルエンジンに使用されている3気筒一体形シリンダヘッド向けのヘッドガスケットである。図2.11(a)に全体を示し、図2.11(b)にこのヘッドガスケットにおけるシリンダ間の部分拡大図を示す。このヘッドガスケットをシリンダヘッドとシリンダライナ、およびシリンダヘッドとシリンダブロックの間にはさみ込み、ヘッドボルトで締め付けてエンジン主体部を組み立てることによって燃焼室内で発生した燃焼ガスを外部へ漏らさないようにシールをしている。この燃焼ガスのシールを担っている部分はヘッドガスケットに設けられたボアグロメットと呼ばれる部位である。このボアグロメットには大きく分けてプレートタイプとビードタイプとがあり、図2.11(b)に示すA–A部分の断面のうち、図2.11(c)に示した断面構造がプレートタイプ、図2.11(d)に示した断面構造がビードタイプである。図2.11(c)に示すプレートタイプは、プレート部がボアグロメットを介してシリンダライナのつば上部の全面に接触することにより、全面に荷重が作用し、シリンダヘッド及びシリンダライナとの接触面全体にヘッドボルトの締め付け軸力による荷重が与えられる、といった構造である。このプレートタイプは安価で、かつシリンダヘッド及びシリンダライナとの接触面全体に均一に荷重を負荷することができるという特徴を有する一方で、内部のプレートに厳しい平面度などの寸

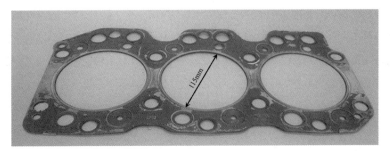

（a）　ヘッドガスケット全体

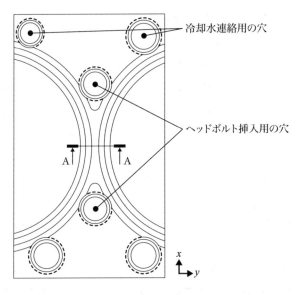

冷却水連絡用の穴

ヘッドボルト挿入用の穴

（b）　ヘッドガスケット詳細図

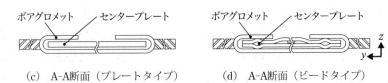

（c）　A-A断面（プレートタイプ）　　　（d）　A-A断面（ビードタイプ）

図2.11　ヘッドガスケット

法公差や幾何公差が要求される構造である。一方で、図2.11 (d) に示すビード
タイプでは、ビード部がボアグロメットを介してシリンダライナのつば上部に
接触することにより、シリンダライナのつば上部に部分的かつ集中的に荷重を
かけることができる。また、このビードタイプは、ヘッドガスケットにおける
ビード部の位置を移動したり、形状を変化させたりすることにより、負荷領域
を変更することができるという特徴を有する一方で、製作が難しいことから、
製造コストが高価となり、また、その構造上、適切なビード位置やビード形状
を決定するのに時間がかかるという短所もあわせ持っている。

　これらのボアグロメット構造（プレートタイプ、ビードタイプ）には、それ
ぞれに一長一短があることから、どの構造を採用するかについては、それぞれ
のエンジンにおけるコンセプトや環境、事情に沿って、個別に決定されてい
る。

　このようにヘッドガスケットは、機関の小型化や部品点数削減に大きな効果
を発揮する機能部品であることから、やや小型の機関に採用されることが多い。

2-3　主要運動部

　図2.12に示す二重枠で囲んだクランクシャフト、コネクティングロッド、
ピストンなど、ディーゼルエンジンの燃焼室内で発生した熱エネルギーを動力
に変換し、外部へ伝達する部品で構成された部位がディーゼルエンジンの主要
運動部である。この主要運動部を構成している部品には、主に熱エネルギーが
変換されて生じた動力による荷重や自部品が運動することによって生じる慣性
力による荷重などの機械的荷重が作用する。また、ピストンなどの燃焼室を構
成する部品には、燃焼室内での燃焼によって生じる熱負荷による荷重も作用す
る。このように、さまざまな荷重に耐えうる強度が必要があることから、素材
の鍛造が可能なクランクシャフトやコネクティングロッドなどには高強度鋼や
低合金鋼が、やや構造が複雑なピストンなどには球状黒鉛鋳鉄などがよく用い
られている。

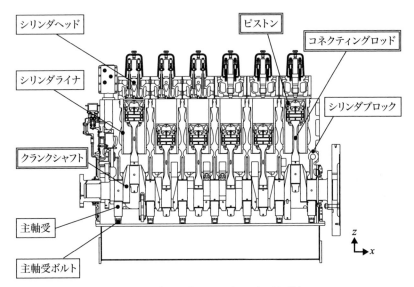

シリンダヘッド

ピストン

コネクティングロッド

シリンダライナ

シリンダブロック

クランクシャフト

主軸受

主軸受ボルト

図2.12　ディーゼルエンジンの主要運動部

2-3-1　クランクシャフト

　クランクシャフトは、主要運動部の中でも要となる部品で、ピストンを介して受ける往復運動を回転運動に変換したうえで、それを外部出力として伝える、という機能を持つ部品である。そのクランクシャフトの概略を図2.13に示す。

　このクランクシャフトは、燃焼室内で発生する筒内圧力による曲げ荷重、さらに外部への出力伝達によるねじり荷重などの負荷を受けるため、それらの負

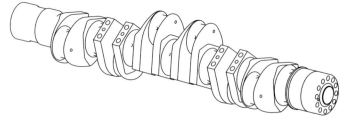

図2.13　クランクシャフトの概要図

荷に耐えうる構造、材料、製造方法である必要がある。そのため、連続メタルフロー※2-2を有した鍛造製の高強度鋼や低合金鋼が用いられることが多い。

　また軸受部については、軸側に高周波焼入れを施すことにより、軸表面の硬さを向上させたうえで、研磨仕上げをしている。これは、トライボロジ（潤滑状態）※2-3の観点、さらには軸部の摩耗低減などの観点から、信頼性や耐久性の向上を目的に採用されている。

2-3-2　コネクティングロッド、同ベアリング

　コネクティングロッドは、ピストンを介して受ける往復運動をクランクシャフトに伝える、という機能を持つ重要部品である。

　このコネクティングロッドは、燃焼室内で発生する筒内圧力や、さらに自部品が運動することによって生じる慣性力に耐えうるような構造、材料、製造方法でなければならない。そのため、材料は鍛造製の高強度鋼や低合金鋼が用いられることが多い。

　また、このコネクティングロッドをクランクシャフトに組み付けることを目的に、一般的にはクランクシャフト側の軸受部（大端部とも称する）が分割された構造となっているが、その分割方法は大きく分けて、斜め割り構造と、水平割り構造、という2つの構造が存在する。これら2つの構造例を、図2.14(a)および(b)に示す。

　これらの構造については、作業性、あるい強度、剛性という面など、様々な目線から見て、それぞれに一長一短があり、どの構造が優位か、ということについては一概には決められない。そのため、それぞれのエンジンにおけるコンセプトや環境、事情に沿って、どちらの分割構造が適切なのか、個別に決定されている。

　また、この構造に用いるベアリングは、主に薄肉のバイメタルを用いている。これは、トライボロジの観点、さらには軸部の摩耗低減などの観点から、信頼性や耐久性の向上を目的に採用されている。

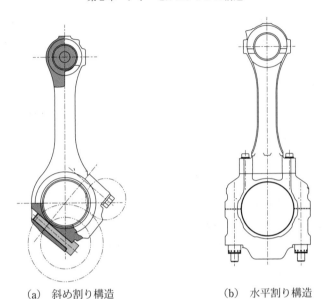

(a)　斜め割り構造　　　　　　(b)　水平割り構造

図2.14　コネクティングロッドの概略図と分割構造例

2-3-3　ピストン、ピストンリング、ピストンピン

　ピストンは、シリンダヘッドと同様に、燃焼により発生した高温ガスを直接受ける、という過酷な環境に晒されている部品であるが、その燃焼により発生する筒内圧力によって上下運動を伴う、というところがシリンダヘッドとは異なる点である。そのため、高温ガスによる熱負荷や燃焼室内で発生する筒内圧力による機械的荷重などに耐えうる強度、剛性が必要であるのと同時に、自部品の上下運動により生じる慣性力を小さくするために軽量化を考慮する必要もある。そのピストンと、後に詳細を説明するピストンリングの概略をあわせて図2.15に示す。

　また、燃焼ガスにより高温化したピストンを適正かつ効果的に冷却するべく、ピストン燃焼面を薄肉化したり、シリンダブロックのオイルギャラリー内の潤滑油をピストン燃焼面の裏面に向けて噴射する"ピストンジェット"と称する構造によって、その冷却性を向上させるような工夫も取り入れられている。

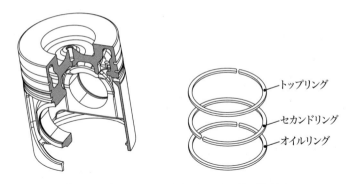

図2.15 ピストンおよびピストンリングの概略図

　このピストンにおいて、構造や材料と同じく重要なのが、ピストンのプロフィール（外周形状）である。これについては、温度分布を伴う自部品の熱膨張を考慮したうえで、冷態時（常温時）において、樽型形状を採用している例が多い。さらに、ピストンやピストンリングの潤滑状態の適正化を目的に、ピストンの姿勢や動きを形状的に制御するべく、ピストンのスカート部をシリンダライナに積極的に当てるような形状にすることも多い。

　ピストンリングは、ピストンに設けられた複数のリング溝に装備されており、燃焼室内で発生したガスができるだけ漏れないようにシールする役割とともに、シリンダライナとピストンやピストンリングとが相対運動する接触面を適切に潤滑させるべく供給される潤滑油をコントロールする役割を担っている。近年の計画総トン数20トン未満の漁船に搭載されるようなサイズの漁船用主機ディーゼルエンジンでは、主には、3〜4本のピストンリングで構成されており、そのうち、トップリングと称する燃焼面に最も近いピストンリングが主に燃焼ガスをシールしている。また、燃焼面から最も遠いピストンリングは、オイルリングと称されるピストンリングがよく用いられており、主にこのオイルリングがピストンやピストンリングとシリンダライナとの潤滑状態を適正化するように潤滑油をコントロールしている。

　また、全てのピストンリングには、ピストンへの組み立ての都合上、合い口すきま、というものが設けられているが、この合い口すきまの適切な設定は、

燃焼ガスのシール性などの性能向上、ピストンリングの折損防止などの信頼性
向上という両面からも重要である。

　ピストンピンは、ピストンとコネクティングロッドそれぞれに設けられた穴
に同時に挿入することにより、両者をつなぎ、その荷重を伝える部品である。
そのピストンピンの概略図を図2.16に示す。

　このピストンピンは、荷重を伝
えるという重要な機能を担うとと
もに、ピストンやコネクティング
ロッドと相対的に摺動する部品で
あることから、強度とともに耐摩
耗性も要求される。そのため、炭
素鋼や合金鋼に表面焼入れされた
軸が用いられていることが多い。
また、ピストンと同様に上下運動
をすることから、その慣性力を小
さくする必要もあることから、こ
の部品も強度と潤滑性を確保した
うえで、軽量化への考慮も必要で
ある。

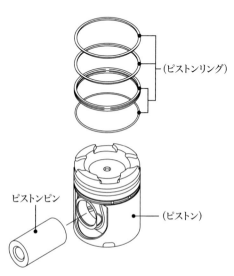

（ピストンリング）

ピストンピン

（ピストン）

図2.16　ピストンピンの概略図

2-4　動弁装置

　船舶用ディーゼルエンジンには、吸気弁、排気弁が仕組まれており、これら
の作動メカニズムを担っている仕組が動弁装置である。この動弁装置の概略を
図2.17に示す。

　この動弁装置を、さらに詳細に分類すると、クランクシャフトの回転をカム
シャフトに伝える"ギヤトレイン"、吸気弁、排気弁それぞれの動きのベース
となる卵型のカムを有した"カムシャフト"、カムシャフトに設けられた吸気

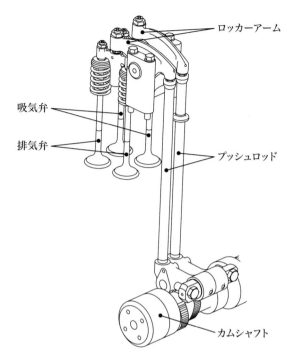

ロッカーアーム

吸気弁

排気弁

プッシュロッド

カムシャフト

図2.17　動弁装置の概略図

カム、排気カムから、その動きを吸気弁、排気弁へと伝える"プッシュロッ
ド、ロッカーアーム"、さらに、シリンダヘッドに内蔵された"吸気弁、排気
弁"といった、主に4つの仕組から構成されている。これら、4つの仕組につ
いて、順を追って説明する。

2-4-1　ギヤトレイン

　吸気弁、排気弁を駆動させるにあたっては、カムシャフトを回転させる必要
があり、そのカムシャフトの回転はクランクシャフトの回転を利用している。
その回転をギヤ（歯車）で伝達する装置をギヤトレインという。このギヤトレ
インの概略を図2.18に示す。
　4サイクルストロークの船舶用ディーゼルエンジンの場合、エンジン2回転

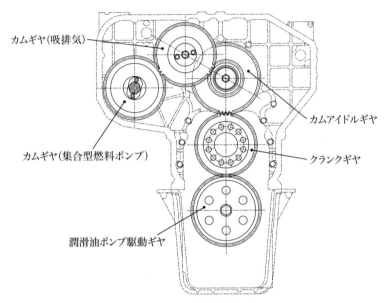

カムギヤ(吸排気)

カムアイドルギヤ

カムギヤ(集合型燃料ポンプ)

クランクギヤ

潤滑油ポンプ駆動ギヤ

図2.18　ギヤトレインの概略図

に1回、吸気弁、排気弁を規則的に開閉させる必要があることから、クランクシャフトの回転速度に対して、カムシャフトの回転速度は、正確にその1/2にする必要がある。そのため、ギヤの歯数の設定（設計）が非常に重要になる。

　また、往復動機関において発生する回転変動がそのままカムシャフトに直接伝わらないように、クランクギヤとカムシャフトギヤとの間にアイドルギヤ（遊び歯車）を設置することも多い。

2-4-2　カムシャフト

　カムシャフトには、カムシャフトギヤを取り付けるフランジ部分のほか、シャフトを安定して回転させるための主軸、さらに、主たる機能である吸気弁、排気弁それぞれの動きのベースとなる卵型のカムが仕組まれている。このカムシャフトの概略を図2.19に示す。

　上述の仕組の他にも、後述（"2-7-1-1目　燃料噴射ポンプ"）の"単筒形ポンプ（独立型燃料噴射ポンプ）"を駆動させるためのカムが仕組まれていた

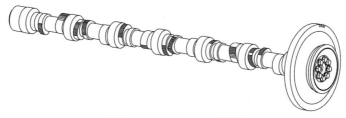

図2.19　カムシャフトの概略図

り、外部出力取り出しが可能な部品、さらには、後述（"2-6-3項　始動装置"）の"圧縮空気直入れ方式"によるエンジン始動装置を取り付ける接続部分などが装備されているものもある。

2-4-3　プッシュロッド、ロッカーアーム

　プッシュロッドおよびロッカーアームの概略を図2.20に示す。プッシュロッドには、吸気弁、排気弁を閉じるためにシリンダヘッドに仕組まれたバネ（弁バネ）の力や、弁の開き時に作用する燃焼室内の筒内圧力に耐えうる強度

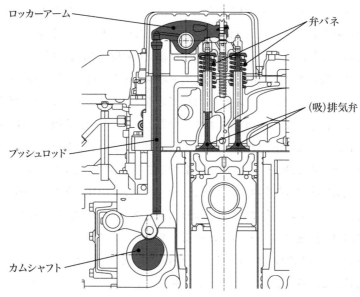

図2.20　ロッカーアームおよびプッシュロッドの概略図

が要求されるとともに、カムと連動して上下方向に動くことから、その慣性力を低減させるために、軽量化も同時に要求される。さらに、このプッシュロッドは、細長い筒状であることも多いので、座屈という観点での評価、設計も必要な部品である。

ロッカーアームにも、プッシュロッドと同様に、吸気弁、排気弁を閉じるためにシリンダヘッドに仕組まれたバネ（弁バネ）の力や、弁の開き時に作用する燃焼室内の筒内圧力に耐えうる強度が必要である。さらに、動きを変換するために軸受構造が装備されており、その軸受構造に対する潤滑性の確保、耐摩耗性の向上に対しても考慮が必要な部品である。

2-4-4　吸気弁、排気弁

吸気弁および排気弁は、ともにシリンダヘッドに内蔵され、かつ燃焼により発生した高温ガスを直接受ける、という過酷な環境に晒されている部品である。そのため、これらの材料には、耐熱合金がよく使われている。さらに、シリンダヘッドに嵌め込まれるなどした弁座と接触させて燃焼ガスをシールする弁の傘の先端部分には、耐摩耗性を向上させるべく硬質合金を溶接して肉盛りする場合も多い。これらの吸気弁および排気弁の概略を図2.21に示す。

これら吸気弁および排気弁には、ガスの流れをより良くするするべく、弁の軸はできるだけ細く、かつ弁の本体はできるだけ大きくすることが望まれる。そのため、きのこ型の形状をした吸気弁および排気弁がよく用いられている。

なお、この吸気弁と排気弁については、同一エンジンであっても、ガスの流れをシールする弁シート部の角度が異なることもある。具体的には、吸気弁では、吸気に旋回流を生み出すために、シート角度をシリンダヘッド燃焼面に対して、より水平の方向に近づけるように角度を設け、一方、排気弁では、排ガスの流れ（排気マニホールドへの抜け）をよりよくするために、シート角度をシリンダヘッド燃焼面に対して、より垂直な方向に近づけるようにそれぞれ角度を設けている。そのため、エンジン組み立ての際には、このシート角度を目安に、吸気弁と排気弁をそれぞれ正しく組み付けることが重要である。

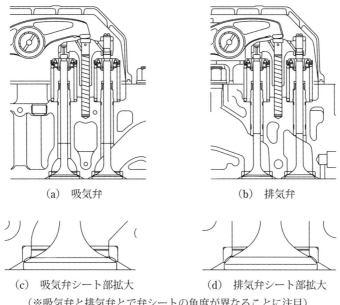

（a）　吸気弁　　　　　　　　　（b）　排気弁

（c）　吸気弁シート部拡大　　　　（d）　排気弁シート部拡大

（※吸気弁と排気弁とで弁シートの角度が異なることに注目）

図2.21　吸気弁および排気弁の概略図

2-5　過給機

　ディーゼルエンジンをより高出力化するには、より多くの燃料を燃焼室内に噴射して、より多くの熱エネルギーを発生させることが求められる。それにあわせて、この燃料噴射量の増大に対応するべく、より多くの空気が必要になる。そこで、より多くの空気を燃焼室内に供給するためによく用いられるのが過給機である。

　この過給機にも、さまざまな種類のものが存在するが、計画総トン数20トン未満の漁船に搭載されるようなサイズの船舶用ディーゼルエンジンにおいては、ラジアルタービン式（半径流タービン式）の排気ガスタービン過給機がよく用いられる。ここで、ラジアルタービン式の排気ガスタービン過給機の概略断面を図2.22に示す。

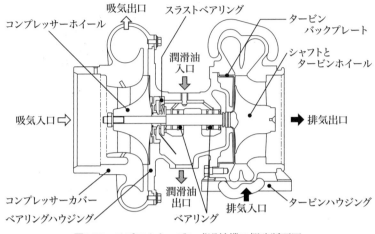

図2.22　ラジアルタービン式過給機の概略断面図

　この過給機を構成しているタービンホイールは、エンジンから供給される高温の排ガスや自身で生成する高温の圧縮空気により、高温に晒されることから、耐熱性の高い材料が用いられており、かつ高速回転することから、精密なバランスがとられた部品である。またタービンハウジングなども、上述と同じく高温に晒されていることから、耐熱性の高い材料が用いられている。

2-6　補機類

　次に示す図2.23の中で、二重枠で囲んだ潤滑油ポンプや潤滑油冷却器、潤滑油こし器、冷却水ポンプ、清水冷却器、さらには始動装置など、ディーゼルエンジンを安定的に運転させる機能を担う部品で構成された仕組がディーゼルエンジンの補機類である。これらの仕組を構成している部品には、主に内部を流れる流体の圧力による荷重や自重による荷重などの機械的荷重が作用する。なお、潤滑油系や清水系の部品には鋳鉄やアルミニウム鋳物、海水系の部品には銅合金鋳物、熱交換器には銅パイプやチタンプレートが用いられるなど、各部品の用途や使用環境に合わせてさまざまな材料が用いられている。

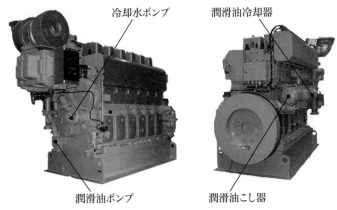

冷却水ポンプ　潤滑油冷却器

潤滑油ポンプ　潤滑油こし器

図2.23　ディーゼルエンジンに装備された補機類

2-6-1　潤滑油装置

　潤滑油ポンプのほか、エンジンにとって適正な温度に調整する潤滑油冷却器や温度調整弁、コンタミ（コンタミナント）と呼ばれる不純物を除去するための潤滑油こし器、適正な圧力に調整する圧力調整弁、各主軸受やカム軸受、ギヤ類、動弁装置など各部を潤滑させるための通路などをまとめて潤滑油装置という。この潤滑油装置の経路図の一例を図2.24に示す。

　この潤滑油の経路としては、一例として、潤滑油こし器を通過させてから、潤滑油冷却器を通過させる場合もあるが、この場合には、比較的、高温で粘度の低い潤滑油を潤滑油こし器に通過させるということもあり、潤滑油こし器での圧力損失を低減させることができる、という長所を有している。一方で、潤滑油こし器の下流に設置されている潤滑油冷却器に堆積している可能性のあるコンタミを除去できない、という短所も持ちあわせており、特に高出力エンジンなどで、より精密な潤滑性が必要とされる場合、潤滑性の向上、摩耗の低減、という意味では必ずしも適正な経路とは言えない。そのため、近年では、エンジンへ侵入するコンタミを最小限にするべく、潤滑油冷却器を通過させてから、潤滑油こし器を通して、潤滑油主管に送油する場合も多い。

　なお、この潤滑油を供給する潤滑油ポンプには、図2.25(a) に示すような歯

車式潤滑油ポンプや、図2.25(b)に示すようなトロコイド式潤滑油ポンプが多く使われている。

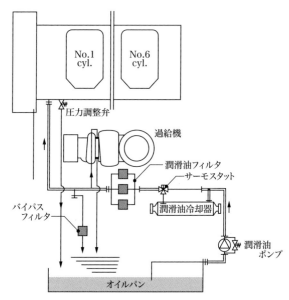

図2.24　潤滑油装置の経路図の一例

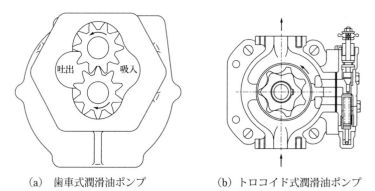

（a）歯車式潤滑油ポンプ　　　　（b）トロコイド式潤滑油ポンプ

図2.25　潤滑油ポンプの概略図

2-6-2　冷却水装置

　冷却水ポンプにより圧送された冷却水をシリンダブロックやシリンダヘッド、冷却器などに供給することにより、エンジンを適正な温度に安定させる装置をまとめて、冷却水装置という。この冷却水装置の経路図の一例を図2.26に示す。

　この冷却水装置においては、冷却による損失をできるだけ減らすなどといった目的で、高温水で冷却する回路と、低温水で冷却する回路の2つの回路を有している場合も多い。そのうち高温水は、二次冷却水として、シリンダブロックやシリンダヘッドなど、主にエンジン主体部を冷却する目的で用いられることが多く、不凍液や防錆剤などにより調製された清水が使われることが多い。一方で低温水は、一次冷却水として、冷却器による熱交換を目的に用いられることが多く、船舶用ディーゼルエンジンの場合、海水が使われることも多い。

　なお、この冷却水を供給する冷却水ポンプには、図2.27(a)に示すようなセントル式（渦巻式）ポンプや、図2.27(b)に示すようなヤブスコ式ポンプがよく使われている。

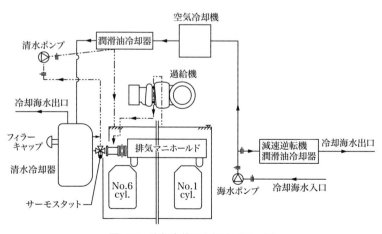

図2.26　冷却水装置の経路図の一例

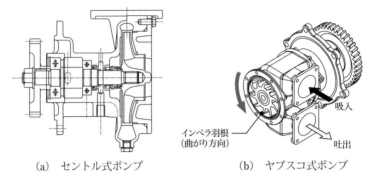

（a）　セントル式ポンプ　　　　　（b）　ヤブスコ式ポンプ

図2.27　冷却水ポンプの概略図

2-6-3　始動装置

　船舶用ディーゼルエンジンにおいては、エンジンを始動させる方法として、主には、セルスターターを用いてクランクシャフトを回転させて始動させる電気始動方式、エアモーターを用いてクランクシャフトを回転させて始動させるエアモーター始動方式、さらには、シリンダ内に圧縮空気を送り込んで、その圧縮空気により直接ピストンを押し下げることによりクランクシャフトを回転させて始動させる圧縮空気直入れ方式、といった3種類の方式がある。これらの始動装置について、セルスターターの概略を図2.28に、エアモーターの概略を図2.29に、圧縮空気直入れ方式の概略を図2.30に示す。

　船舶内に大型のエアタンクや、そのエアタンクに圧縮空気を供給するコンプレッサーなどを備えている大型船舶に搭載するエンジンの場合などにおいて

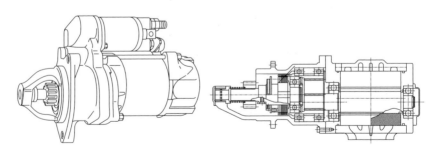

　　図2.28　セルスターターの概略図　　　　**図2.29**　エアモーターの概略図

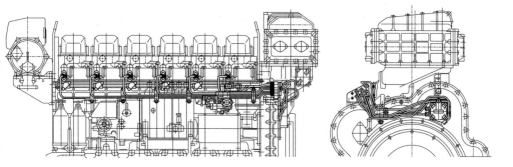

図2.30 圧縮空気直入れ方式の概略図

は、始動させるパワーがより大きいエアモーター始動方式や圧縮空気直入れ方式などが多く用いられているが、計画総トン数20トン未満の漁船に搭載されるようなサイズの船舶用ディーゼルエンジンなどにおいては、それを搭載する船舶にはエアタンクを備えることができるスペースが少ないことから、バッテリを電源としたセルスターターによる電気始動方式が多く用いられている。

2-7　機械式から電子制御へ進化した構造

　21世紀においても、船舶用の推進機関や発電用機関をはじめとしたディーゼルエンジンは1893年に発明されて以降、今日に至るまで、その基本的な構造は変わることなく、そのほとんどの構成部品が機械系部品から構成されている。

　もちろん、そのディーゼルエンジンも時代の流れとともに進化を重ねているが、まず始めに、小型、軽量、低燃費、高出力、低コストなどを追求し、その構造的なポテンシャルを引き出すべく、数値計算などを用いた機械系構造の最適化や、あるいは更なる高強度材料の適用など、主に機械系部品の改良による進化を行ってきた。しかし、その機械系構造は、単純で決められた動作を確実に行う、という観点での利点はあるものの、必ずしも複雑な制御に適していな

い、という難点もあった。

　一方で、20世紀末頃から注目され始めた地球温暖化に関する議論の高まりなどとともに、船舶用エンジンにおいても、特に2000年から適用されたIMO（International Maritime Organization）規定のNOx一次規制以降、特に環境性能が重要視されるようになっている。

　ところが、一般的には従来の機械構造物のみによるパフォーマンスでは、環境性能を重視したマッチングを行うと、動力性能など、その他の性能が低下するという背反の特徴を有しており、総合的にディーゼルエンジンの性能を向上させるためには、その背反の特徴を打破する必要があった。その打破には、各搭載機における運転パターンや負荷状態などにあわせて、ディーゼルエンジンの動作を、きめ細やかに制御することが手段のひとつとして必要になってきた。

　そのような背景から、近年では、船舶用ディーゼルエンジンにおいても、電子的にきめ細やかにその動作を制御するべく、燃料噴射系やガバナ系を中心に電子制御技術が進化してきている。

　そこで本節では、燃料噴射装置とガバナについて、従来から採用されている機械式の構造と、近年の進化がめざましい電子制御式の構造について順を追って説明する。

2-7-1　機械式燃料装置

　ディーゼルエンジンの出力の源は燃料を燃焼させることにより生じる熱エネルギーであるが、その燃料を燃焼室内に噴射する役割を担うのが燃料装置である。この項では、燃料装置の機械的な仕組について説明する。

2-7-1-1　燃料噴射ポンプ

　燃料噴射ポンプは、一般的にはボッシュ形が多く採用されている。その燃料噴射ポンプも構造的には大きく分けて、1シリンダに1個ずつ吸排気カムと共用のカムシャフト上に取り付けられた単筒形ポンプ（独立型燃料噴射ポンプ）と、前述のカムシャフトとは全く別の場所に取り付ける構造で全てのシリンダ

のものを集合させた一体形ポンプ（集合型燃料
噴射ポンプ）の2つの種類がある。

　単筒形ポンプの断面を図2.31に、一体形ポン
プの外形を図2.32に、また、その一体形ポンプ
の断面を図2.33に示す。

2-7-1-2 燃料噴射弁

　燃料噴射弁には、単孔ノズル、スロットルノ
ズル、ピントル形ノズル、多孔針弁ノズル
（ホール形ノズル）などの種類がある。それら
のうち，ピントル形ノズルの構造概要を図2.34
(a)に、そのノズル部の詳細を図2.34(b)に、ま
た多孔針弁ノズル（ホール形ノズル）の構造概
要を図2.35(a)に、その断面を図2.35(b)に、さ
らに、そのノズル部の詳細を図2.35(c)にそれ
ぞれ示す。

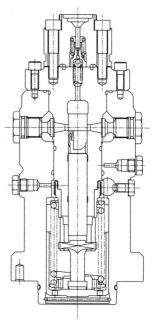

図2.31　単筒形ポンプ（独立型
燃料噴射ポンプ）の断面図

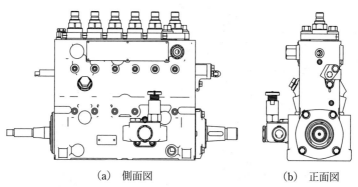

（a）側面図　　　　　　　（b）正面図

図2.32　一体形ポンプ（集合型燃料噴射ポンプ）の外形図

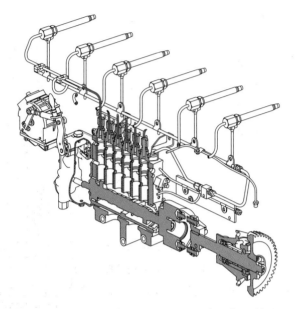

図2.33　一体形ポンプ（集合型燃料噴射ポンプ）の断面図

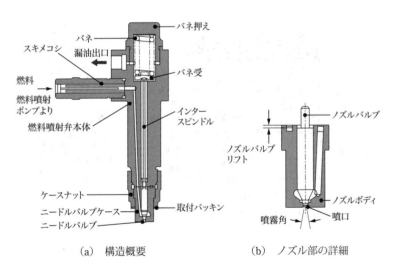

（a）　構造概要　　　　　　　（b）　ノズル部の詳細

図2.34　ピントル形ノズルの構造図

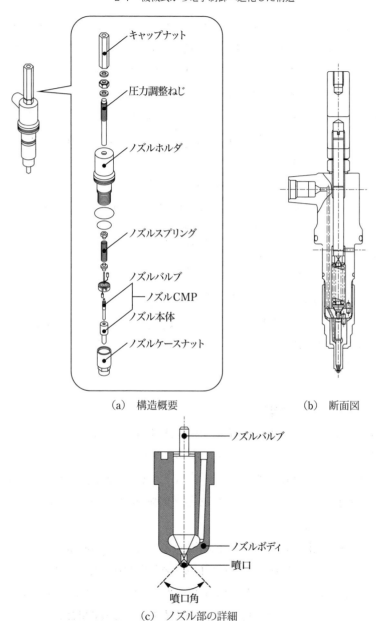

（a）構造概要

（b）断面図

（c）ノズル部の詳細

図2.35 多孔針弁ノズルの構造図

　ピントル形ノズルは主に渦流室（ウズリュウシツと呼ぶこともある）や予燃焼室などを有する副室式燃焼室を採用した機関に用いられ、一方で、多孔針弁ノズル（ホール形ノズル）は主に直接噴射式を採用した機関に用いられている。

　また、計画総トン数20トン未満の漁船に搭載されるようなサイズの過給機付き船舶用ディーゼルエンジンにおいては、高出力化に伴う燃焼室内温度の上昇を原因とする燃料噴射弁先端の異常な過熱によって、燃料噴射弁の故障につながる重大な事象を発生させてしまう可能性があるが、このような事象の発生を防ぐべく、燃料噴射弁が異常過熱しないよう燃料噴射弁を冷却する必要がある。そこで採用されたこともある冷却形燃料噴射弁の断面を図2.36に示す。

図に示すとおり、燃料油通路孔の外に冷却油通路孔が2本あけられ、また、ノズルボディの下側には外蓑が嵌めこまれており、一方の通路から入った燃料油が冷却油

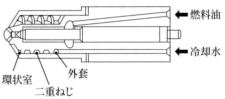

図2.36　冷却形燃料噴射弁の断面図[(2)]

としてこの燃料噴射弁を冷却したあと、他の通路から出ていく、という構造になっている。

2-7-2　ガバナ（調速装置）

　ディーゼルエンジンには、操縦者の意図に対する素早い反応といった操作性の向上や、あるいはオーバースピードを起因とした事故の予防を目的として、燃焼室内への燃料の噴射量を調整することでエンジンの回転速度を適切に調整する機構が装備されている。このエンジンの回転速度を調整する機構をガバナ（Governor）という。

　例えば、船舶用主機関においては、後述（"2-8節"）する減速逆転機との嵌入や嵌脱などに伴うプロペラ負荷の変化による機関回転速度の変化の際に、その機関回転速度の変化を適切にコントロールできないと、エンジンの停止やオーバースピードなど制御不能な事態に陥りかねず、その結果として、大事故につながる可能性が高まってしまう。

　そのためさまざまな負荷状況、機関回転速度のもとで、必要とされる機関回転速度に応じて、自動的に燃焼室内への燃料噴射量を加減させるなどの所作により、適正な機関回転速度に調整する必要がある。また、船舶用主機関に必要とされる特性として、無負荷から過負荷まで、機関回転速度を適切に調整する必要がある。このような調整に関わる動作を担っているのが、ガバナである。

　この項では、まず機械的な仕組によって調速する、機械式ガバナについて説明する。

2-7-2-1　独立型機械式ガバナ

　独立型機械式ガバナの断面を図2.37に示す。内部に構成された2個の重錘

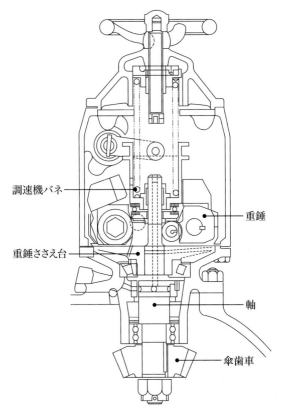

図2.37　独立型機械式ガバナの断面図

の遠心力とガバナを構成しているバネの力とをつりあわせることにより、ディーゼルエンジンの機関回転速度をコントロールする部品である。

2-7-2-2　燃料ポンプ付き機械式ガバナ

　原理的には、前述（"2-7-2-1目"）の独立型機械式ガバナと同じであるが、前述（"2-7-1-1目　燃料噴射ポンプ"）の一体形（集合型）ポンプに付随させることにより、小型化、ユニット化構造にしたものである。一例として、ボッシュ式RSUV形ガバナという燃料ポンプ付き機械式ガバナの概略構造を図2.38に示す。

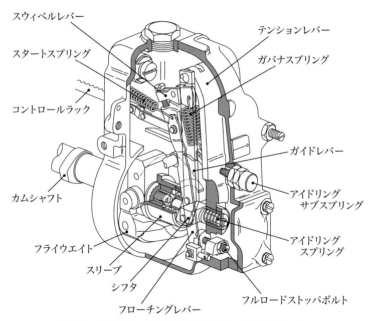

スウィベルレバー
テンションレバー
スタートスプリング
ガバナスプリング
コントロールラック
ガイドレバー
カムシャフト
アイドリング　サブスプリング
アイドリング　スプリング
フライウエイト
スリーブ
シフタ
フローチングレバー
フルロードストッパボルト

図2.38　燃料ポンプ付き機械式ガバナの概略構造図[3]

2-7-2-3　油圧機械式ガバナ

　機械式ガバナは、その作動を内蔵された重錘（おもり）の遠心力とバネの力とのつりあいで制御しているが、ディーゼルエンジンの高出力化に伴い、そのバネの力だけでは、作動を十分に補いきれない場合がある。そこで、その作動を油圧の力

で補助するべく、機械式ガバナの構造に油圧による力を付加したものが油圧機
械式ガバナである。その油圧機械式ガバナの外観図と断面図を図2.39に示す。

　この油圧機械式ガバナは、重錘の遠心力とガバナを構成しているバネ力との
つりあいにあたる重錘部分と、それに連動しているパイロットバルブおよび
サーボ機構により構成されたものである。

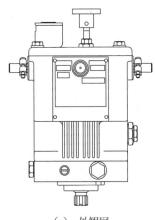

（a）外観図

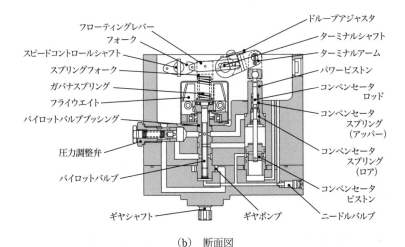

（b）断面図

図2.39　油圧機械式ガバナの外観図および断面図

2-7-2-4　電子制御式ガバナ

ここまでは主に機械式ガバナについて、その構造を説明してきたが、機械式の制御とは機械的な機構（リンク）での制御であり、その動きはリンクに従った一定の単純な動きのみ、という線的な制御となる。そのため機械式の機構では、より複雑で面的な制御が困難なのである。

しかし、近年の地球環境改善に対する要望の高まりから、さまざまな負荷領域での燃料消費量の低減とともに、同時に排ガスのクリーン化などといったエミッションの改善を両立させる必要が出てきており、より複雑な制御の必要性が高まってきている。

そのため近年、前述の線的な制御である機械式ガバナから、面的で複雑な制御が可能となる電子制御式のガバナの採用が増えてきている。さらにはガバナだけではなく、コモンレールなどといったデバイスを用いるなどして、燃料噴射装置そのものをすべて電子制御化するエンジンも増えてきている。

そこで次の項では、この電子制御式燃料噴射装置のうち、最近主流となりつつあるコモンレール式燃料噴射装置の働きと構造について説明する。

2-7-3　コモンレール噴射装置

図2.40にDENSO製コモンレール噴射装置の構成例を示す。コモンレール噴射装置はサプライポンプ、コモンレール（蓄圧室）、インジェクタ、およびエンジンコントロールユニット（Engine Control Unit、ECUと略称する）の4つの部品から構成されている。以下にそれぞれの構造と機能を説明する。

2-7-3-1　サプライポンプ

サプライポンプは燃料タンクから送られてきた燃料を昇圧し、コモンレールに送り込む。ポンプの燃料吐出量はコモンレール内の燃料圧力が所定の圧力となるよう、制御バルブの開度によって調整される。

2-7-3-2　コモンレール

コモンレールはサプライポンプから圧送されてきた燃料を所定の圧力で蓄えるとともに、高圧管を介して各気筒のインジェクタに燃料を分配する働きをす

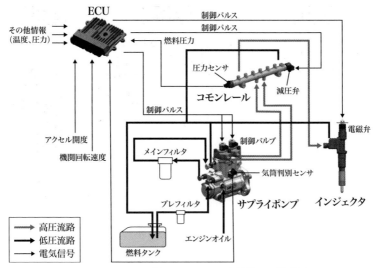

図2.40 DENSO製コモンレール噴射装置の構成例

る。コモンレールには圧力センサ（レール圧センサ）が取り付けられており、蓄えられている燃料の圧力をECUに伝える。また、減圧弁は、コモンレール内の燃料圧力が設定値より高くなった際に内部の燃料を放出し、燃料圧力を減じるためのものである。

なお、初期のコモンレール噴射装置は最高燃料圧力が1200気圧程度であったが、最近では2500気圧を超えるものが商品化されるなど、年々高圧化が進んでいる。

2-7-3-3 インジェクタ

インジェクタ上部にはECUからの電気信号を受け取るハーネスが装着されており、コモンレールから供給された高圧の燃料を所定のタイミングで所定の期間噴射する役割を担う。コモンレール噴射装置用インジェクタの動作を図2.41に示す。燃料を噴射しないときは電磁弁によって燃料リーク通路が閉鎖されており、コマンドピストン上部にかかる油圧によってニードルがシートに押さえつけられている。ECUから送られる制御パルスによって電磁弁が開放されると、リーク通路とコマンドピストン室が開放され、コマンドピストン

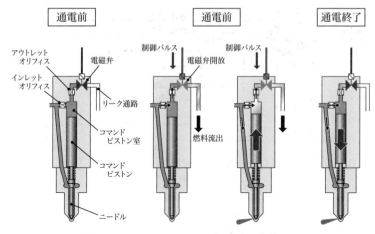

図2.41　コモンレールインジェクタの作動原理

上部にかかる油圧が低下し、ニードルが上方に移動することで燃料噴射を開始する。電磁弁への制御パルスが除荷されるとリーク通路が再び閉塞し、ニードルが押し下げられて燃料噴射を終える。このように、コモンレール噴射装置ではECUから与えられる制御パルスの立ち上がりで燃料噴射が始まり、制御パルスの立ち下りで噴射が終わる。

　インジェクタには常にコモンレールから高圧の燃料が送られているため、燃料噴射量は電磁弁への通電時間によって制御することができる。また、制御パルスを加えるタイミングを変えることで燃料噴射時期は自在に変更可能であり、さらに1サイクル中に複数回パルスを送ることで多段噴射が可能となる。

2-7-3-4　エンジンコントロールユニット（ECU）

　ECU内部には様々な運転状態に対応する最適レール圧や最適燃料噴射時期が記憶されており、時々刻々のエンジン運転状態とオペレータの意思を読みながら次に目指すべき運転状態を決定し、サプライポンプやインジェクタに制御パルスを送信する。

　機関の運転条件を正確に把握するため、ECUには様々なセンサが接続されている。表2.1に代表的なセンサとその役割をまとめる。なお、表中の行程判

別とは4サイクル機関において吸気・圧縮行程と膨張・排気行程を判定することを意味する。

表2.1　コモンレール噴射装置に用いられるセンサ

センサ名	検出対象	検出方法	機能
クランクセンサ	クランク位相	フライホイール円周面に数度刻みで設置した突起を電磁ピックアップで検出する。	機関速度の検出
			クランク角度の検出
カムセンサ	カム位相	カムシャフトに取り付けたパルサ形状を電磁ピックアップまたはホール素子で検出する。	行程判別
レール圧センサ	レール内燃料圧力	圧力センサにてレール圧内部の燃料圧力を検出する。	噴射圧力検出
アクセルセンサ	アクセル開度	操作レバーに内蔵されたポテンショメータで操作レバー位置を検出する。	目標回転速度検出
水温センサ	冷却水温度	冷却水経路内に設置したサーミスタにより水温を検出する。	機関暖機状態検出

　比較的大形の船舶用機関に搭載されるコモンレール噴射装置の中にはコモンレールを持たないものもある。図2.42はBosch製大形機関向けコモンレール噴射装置のシステム図である。このシステムでは高圧ポンプ（サプライポンプ）から吐出された燃料は直接各気筒のインジェクタに導かれるため、コモンレールは存在しない。図2.43に同システムのインジェクタ内部構造を示す。イン

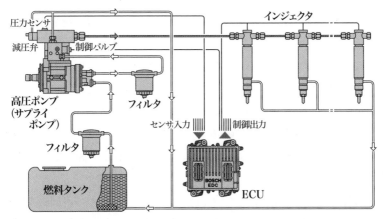

図2.42　Bosch製大形機関向けコモンレール噴射装置[3]

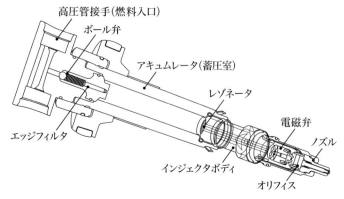

図2.43　Bosch製大形機関向けコモンレールインジェクタの内部構造[5]

ジェクタ内に入った高圧燃料はボール弁、エッジフィルタを通ってアキュム
レータに入る。アキュムレータとは一定の容積を持つ蓄圧室であり、これがコ
モンレールの役割を担っている。

2-8　減速逆転機

　船舶を推進するために用いられるプロペラは、一般的にはその直径を大きく
したうえで回転速度を低くすることにより、その動力的な効率を上げることが
できる。

　一方で、エンジンは顧客のニーズなどから、小型で軽量、かつ高出力化を目
的に、エンジン回転速度がより高速化されてきている。ここにプロペラの特性
とエンジンの動向とに差異が生じているわけであるが、これらをうまくマッチ
ングするために減速機付きの逆転機（減速逆転機、クラッチとも称する）が多
く用いられている。その減速逆転機の外観図を図2.44に、同じく断面図を図
2.45に示す。

　この減速逆転機は、前後進切り替えのクラッチと、エンジンの回転速度をプ
ロペラに求められている回転速度まで減速する歯車とを組み合わせた構造物で

ある。さらに、この減速逆転機には、推力軸、推力軸受、潤滑油冷却装置など
も構成されている。

また、このような減速逆転機においては、エンジン出力の増大、さらにはト
ルクの増大に伴い、その増大したトルクに対応できるよう、多板式油圧クラッ

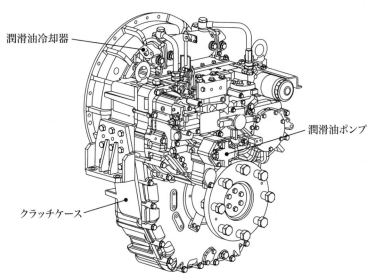

潤滑油冷却器

潤滑油ポンプ

クラッチケース

図2.44 減速逆転機の外観図

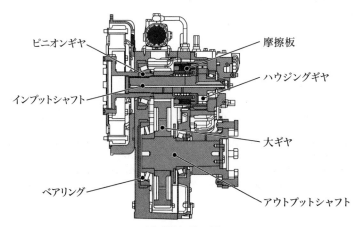

ピニオンギヤ

摩擦板

ハウジングギヤ

インプットシャフト

大ギヤ

ベアリング

アウトプットシャフト

図2.45 減速逆転機の断面図

チが多く用いられている。さらに、この多板式油圧クラッチには、自動減速装置やショックアブソーバー、トローリング装置（微速運転装置）などを装備したものもあり、これらの装置の付加によって、船舶の操作性や乗り心地がより大きく改善されている。

　また、クランクシャフトをはじめとしたクランク軸系のねじり振動を考慮し、船舶用ディーゼルエンジンと減速逆転機との間に弾性継手を装備して、それぞれを連結する方式が多く用いられている。その弾性継手の一例を図2.46に示す。

　ここまで本章では、ディーゼルエンジンという機械構造物について説明した。なお、各部品において、設計上の特徴や強度評価のポイントなど、さらに詳しい内容を得るには、別途"エンジン読本"を参照するとよい。そのディーゼルエンジンが船舶用として、どのような用途に使われているのか、について次の章で説明する。

図2.46　弾性継手の例[6]

※2-1　機械部品を組み立てた構造物のこと。
※2-2　金属結晶組織が繊維状に連続してつながっている状態のこと。
※2-3　接触面の摩擦、摩耗に関する検討のこと。

参考文献：
（1）大道寺　達、ディーゼル機関設計法、（1973/02）、p.152、工学図書株式会社
（2）藤田　護、舶用エンジンの保守と整備　5訂版、（1998/03）、p.21、株式会社成山堂書店
（3）藤田　護、舶用エンジンの保守と整備　5訂版、（1998/03）、p.22、株式会社成山堂書店
（4）伊藤、宮木：コモンレール方式ディーゼル電子制御燃料噴射システムの開発、日本機械学会誌、102巻、966号、1999、pp.279-280
（5）Christoph Kendlbacher, et. al.：The 2200 bar Modular Common Rail Injection System for Large Diesel and HFO Engines, CIMAC Congress 2013, No.427
（6）三木プーリ株式会社 ホームページ：https://www.mikipulley.co.jp/JP/Products/FlexibleCouplings/CENTAFLEX/CM/index.html#products_top（参照日：2020/05/14）

第3章　船舶用ディーゼルエンジンの主な種類と用途

　船舶用をはじめとして様々な用途に展開されているディーゼルエンジンは、一般的に以下のような特徴を有している。

- ・　低燃料消費率
- ・　大型化が可能
- ・　トルクが大きい

　一方で、ガソリンエンジンやガスタービンといった他の種類のパワーユニットと同様に、省スペース化や低コスト化、信頼性確保などの顧客要望や市場要求に応えるべく、小型化、高出力化、耐久性の向上などといったさらなる高性能化が求められている。さらに近年では、環境性能の向上も同時に織り込む必要が出てきている。これらの列挙したディーゼルエンジンに要求される性能とその性能を達成するために一般的によく用いられる方策をまとめると、以下のようになる。

- ・　小型化　　――　使用材料の減量、簡素化など。
- ・　高出力化　　――　投入エネルギーの増加、ロスの低減など。
- ・　耐久性の向上　　――　構造の剛性アップ、作用する負荷や構造の最適化など。
- ・　NOxの低減　　――　燃焼温度や燃焼圧力の低減など。
- ・　CO_2の低減　　――　燃焼効率の改善など。

　これらの課題を同時に達成するべく、現在でも進化を続けている各種ディーゼルエンジンのうち、本書では船舶用ディーゼルエンジンについて、重点的に説明する。

3-1　船舶主機関用ディーゼルエンジン

　日本においては、数多くの、そしてさまざまな種類の船舶が活躍している。つまり、ひとくちに船舶といっても、その種類は多種多様で、それぞれに特徴があり、それらの特徴に合わせたさまざまな場所や状況で活躍している。

　この多種多様の船舶のうち、自立航行が可能な船舶については、プロペラやウォータージェットなどといった推進装置が備えられており、また、その推進装置を駆動させるための船舶用パワーユニットが備えられている。

　この船舶用パワーユニットは一般的には船舶用主機関と呼ばれており、その船舶用主機関として数多く採用されているのが、ディーゼルエンジンである。

　そこで本節では、船舶主機関用ディーゼルエンジンについて説明する。

3-1-1　ディーゼルエンジンにおける出力とトルク、正味平均有効圧力との関係

　船舶主機関用ディーゼルエンジンに限らず、ディーゼルエンジンは、その燃焼室内で燃料を燃焼させることにより発生した熱エネルギーを圧力として活用し、そこで生じた圧力を機関出力という形で動力として取り出している機械構造物である。

　その圧力を示す代表的な指標である正味平均有効圧力[※3-1]と機関出力との関係は、次の式（3.1）と式（3.2）で示される。

・　正味平均有効圧力と機関出力との関係

$$F = \frac{1}{2} \cdot Pme \cdot Vs \cdot N \cdot \frac{n}{60} \tag{3.1}$$

ここで、

F	：	機関出力(kW)
Pme	：	正味平均有効圧力（MPa）

Vs	：	単シリンダ当たりの行程容積（リットル）
N	：	シリンダ数
n	：	機関回転速度（min^{-1}）

である。

なお、Vs（単シリンダ当たりの行程容積（リットル））は

$$Vs = \frac{\varphi^2 \cdot \frac{\pi}{4} \cdot L}{10^6} \tag{3.2}$$

で示される。

ここで、

φ	：	シリンダボア直径（mm）
L	：	ストローク（mm）

である。

ここで示した式（3.1）および式（3.2）によると、同じ平均有効圧力でも、行程容積（排気量）やシリンダ数、機関回転速度が増えれば、それらに応じて機関出力も増加することがわかる。つまり、これが排気量の大きいエンジン、シリンダ数が多いエンジン、あるいはエンジン回転速度が速いエンジンのほうが、より大きな出力を発生させることができる理由である。

また、平均伝達トルクと機関出力との関係は次の式（3.3）で示される。

・　平均伝達トルクと機関出力との関係

$$F = \frac{2 \cdot \pi \cdot n}{60} \cdot Trq \cdot 10^{-3} \tag{3.3}$$

ここで、

F	：	機関出力(kW)
n	：	機関回転速度（min^{-1}）
Trq	：	平均伝達トルク（N・m）

である。

　ここで示した式（3.3）によると、同じ機関出力なら、機関回転速度が遅ければ平均伝達トルクが大きくなることがわかる。つまり、これが同じ機関出力でも、高速回転で運転するガソリンエンジンよりも、低速回転で運転するディーゼルエンジンのほうが大きなトルクを発生させることができる理由である。

3-1-2　プロペラ推進における機関回転速度と出力の関係

　船舶においては、プロペラが備えられた船舶での船舶主機関用ディーゼルエンジンにおける機関出力は、一般的には機関回転速度の3乗に比例するという舶用特性を持っている。この特性について、横軸に機関回転速度を、縦軸に機関出力を設定して曲線化したものを舶用3乗負荷曲線という。その舶用3乗負荷曲線の例を図3.1に示す。

　あわせて、舶用3乗負荷曲線に沿った機関回転速度と機関出力について、100％負荷時の機関出力を$F(100)$、同じく機関回転速度

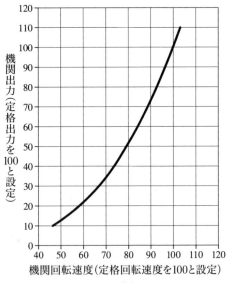

図3.1　舶用3乗負荷特性に則った機関出力と機関回転速度との関係
（舶用3乗負荷曲線）

を$R(100)$としたうえで、各負荷における負荷率を（カッコ）内の数値と設定し、その負荷率をP%とすると、舶用3乗負荷特性に沿った機関出力は式（3.4）、同じく機関回転速度は式（3.5）で示される。

・　負荷率と機関出力との関係

$$F(P) = F(100) \cdot \frac{P}{100} \tag{3.4}$$

ここで、

$F(P)$	：	負荷率P%時の機関出力（kW）
$F(100)$	：	負荷率100%時の機関出力（kW）
P	：	負荷率（%）

である。

・　負荷率と機関回転速度との関係

$$R(P) = R(100) \cdot \left(\frac{P}{100}\right)^{\left(\frac{1}{3}\right)} \tag{3.5}$$

ここで、

$R(P)$	：	負荷率P%時の機関回転速度（min^{-1}）
$R(100)$	：	負荷率100%時の機関回転速度（min^{-1}）
P	：	負荷率（%）

である。

　この舶用3乗負荷曲線は船舶主機関用ディーゼルエンジンで発生している実際の出力を見積もるのに重要な指標であることから、この曲線を描くにあたっては、式（3.4）および式（3.5）を基にするとよい。

　なお、この舶用3乗負荷の特性は、一般的な船舶に見られる特性であるが、必ずしもすべての船舶にあてはまる特性ではないことに留意しなければならない。その要因のひとつとして挙げられるのが、船舶における船型（船底形状など）である。例えば、高速艇によく見られるような滑走型の船型の場合には、舶用2.5乗の負荷特性に近づいていく。つまり、このような船型の違いなどによる舶用負荷特性の違いも考慮に入れたうえで、搭載する船舶における船舶主機関用ディーゼルエンジンの選定やマッチングを行う必要がある。

3-1-3　船舶主機関用ディーゼルエンジンにおけるトルク変動率と回転速度変動率

　ディーゼルエンジンは、シリンダヘッドやシリンダライナ、ピストンなどによって構成された燃焼室内で燃料を爆発、燃焼させることによって発生した熱エネルギーをピストンの上下運動（往復動）として伝達し、さらに、そのピストンの上下運動をコネクティングロッドやクランクシャフトなどによって構成されたクランク機構により回転運動に変換して、その回転運動とともに出力を取り出す、という機械構造物である。

　このような上下運動を回転運動に変換するという機械的構造がゆえに、少なからずその機関運転中にトルク変動や回転変動が生じてしまう、という特性を有している。

　この特性は往復動エンジン（レシプロエンジン（reciprocating engine））という機械構造物に見られる性質であり、この特性とうまく付き合うことがディーゼルエンジンの長所を十分に引き出すことにつながる。一方で、このトルク変動や回転変動といった特性は、エンジンの操作性や、搭載した船舶の乗り心地に良くない影響を与えることから、可能な限り小さく抑えることが求められる。

　これらの特性については、トルク変動率や回転速度変動率として定量的に示すことができる。それぞれの算出式をトルク変動率は式（3.6）に、回転速度変動率は式（3.7）に示す。

・ トルク変動率の算出式

$$\delta(T) = \frac{(Tmax - Tmin)}{Tmean} \tag{3.6}$$

ここで、

$\delta(T)$	:	トルク変動率
$Tmax$	:	機関の定速運転中における瞬時最高トルク（N・m）
$Tmin$	:	機関の定速運転中における瞬時最低トルク（N・m）
$Tmean$	:	機関の定速運転中における平均トルク（N・m）

である。

・ 回転速度変動率の算出式

$$\delta(\omega) = \frac{(Nmax - Nmin)}{Nmean} \tag{3.7}$$

ここで、

$\delta(\omega)$	:	回転速度変動率
$Nmax$	:	機関の定速運転中における瞬時最高回転速度（min^{-1}）
$Nmin$	:	機関の定速運転中における瞬時最低回転速度（min^{-1}）
$Nmean$	:	機関の定速運転中における平均回転速度（min^{-1}）

である。

　ここで示した式（3.6）および式（3.7）によると、分子を小さくする、もしくは分母を大きくすることによって、各々の変動率を小さくすることができることがわかる。このうち、トルク変動率（式（3.6））においては、分母を大きくする方法として、シリンダ数（気筒数）を多くして平均トルクを大きくする、という手段がある。これが多気筒エンジンが有用である理由のひとつである。

　さらに説明すると、トルク変動率については、主に燃焼室内で発生する最高

燃焼圧力[*3-2]が影響を及ぼしており、このことからも、最高燃焼圧力が上昇する傾向にある出力が高いエンジンになればなるほど、トルク変動率が大きくなっていくことが説明できる。そのような特性から、このトルク変動率を抑えるには、最高燃焼圧力を低く抑えたり、エンジンを多気筒化する、といった方策が取られることが多い。このことは、コモンレール[*3-3]化などに代表される電子制御化（詳細は第2章を参照のこと）や多気筒化といった傾向と一致していることでもわかる。

　一方で、回転速度変動率については、トルク変動率においても影響を及ぼしている最高燃焼圧力のほかに、エンジンシステム自身が有する慣性マス[*3-4]も大きな影響を与えている。つまり、大きな慣性マスを有していれば、回転速度変動率を抑えることができる、ということでもある。そのような特性から、船舶用をはじめとした各用途のエンジンそれぞれにおいては、大きな慣性マスであるフライホイール[*3-5]を適正な重量にマッチングさせることにより、回転速度変動率を調整していることが多い。

　ここで、船舶主機関用ディーゼルエンジンを含めた各用途に対して、一般的な目安となっている回転速度変動率（機関単体の場合）の一覧を表3.1に示す。

表3.1　各用途のディーゼルエンジンにおける
回転速度変動率の目安（機関単体）[(1)]

機関の使用条件	機関回転速度変動率 δ
ポンプ駆動用	$1/150 \sim 1/200$
船舶用主機関	$1/40 \sim 1/60$
車両用	$1/10 \sim 1/20$
直流発電用	$1/120 \sim 1/150$
交流発電用	$1/200 \sim 1/230$

3-2　船舶補機駆動用ディーゼルエンジン

　近年の船舶の高度化に伴い、発電機をはじめとした補機の駆動における所要出力は、商船でも漁船においても以前に比べて増大している。一方で、もともとの船舶の大きさにおける限られた機関室のスペースに対し、船舶補機駆動用ディーゼルエンジンも船舶主機関用ディーゼルエンジンと同様、あるいはそれ以上に高速化、高出力化などによる、ますますの小型化が強く要望されている。

　ところで、船内電源の確保は、船舶の安全な運行上、非常に重要なことであるので、上述した発電機をはじめとした補機の駆動用ディーゼルエンジンにおいても、その保守整備作業は船舶主機関用ディーゼルエンジンと同様に慎重に実施する必要がある。一方で、船舶補機駆動用ディーゼルエンジンの基本的な仕組や構造は、船舶主機関用ディーゼルエンジンのそれらとほとんど同じである。そのような背景から、船舶補機駆動用ディーゼルエンジンの保守整備についても、おおよそ船舶主機関用ディーゼルエンジンと同様に実施するべきであることから、その保守整備の基本的な方法などについて、特に区別して記述する必要はないので、本書では、船舶補機駆動用ディーゼルエンジンについての保守整備に関しての個別の記述を省略する。

　そこで本節では、船舶補機駆動用ディーゼルエンジンのなかでも、もっとも一般的に搭載されている船舶発電機用ディーゼルエンジンを題材に、前節で述べた船舶主機関用ディーゼルエンジンとは少し見方の異なる所要出力、回転速度、回転速度変動率などについて、その概要を記述する。

3-2-1　船舶発電機用ディーゼルエンジンの所要出力

　船舶補機駆動用ディーゼルエンジンのなかでも、船内電源用や集魚灯用などの用途としてもっとも一般的に搭載されているのが、船舶発電機用ディーゼルエンジンである。その船舶発電機用ディーゼルエンジンの所要出力は、そのエ

ンジンセットに搭載した発電機出力に対して、式(3.8)により選定される。

・　発電機有効出力と機関出力との関係

$$F \;\geqq\; F(Ge) = \frac{(F(G) \cdot PF)}{\eta} \tag{3.8}$$

ここで、

F	:	機関出力(kW)
$F(Ge)$	:	発電機有効出力(kW)
$F(G)$	:	発電機皮相出力(kVA)
PF	:	負荷力率
η	:	発電機効率

である。

ここで示した式（3.8）によると、発電機有効出力に対して、機関出力（ディーゼルエンジン出力)に余裕を持たせた設計が必要であることがわかる。

（例)負荷力率0.8の場合(主としてモーター負荷など)

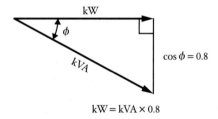

（例)負荷力率1.0の場合(集魚灯, 白熱電灯, ヒーターなど)

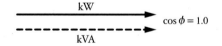

図3.2　負荷力率の違いに関する概念（イメージ)[2]

　なお、負荷力率（*PF*）については、一般的には、三相交流発電機では0.8、単相発電機では1.0としている。その負荷力率の違いについての概念（イメージ）を図3.2に示す。また、発電機効率は、適用する発電機ごとに異なる値を示すことから、これらの負荷力率と発電機効率については、搭載した発電機ごとに設定するのがよい。

3-2-2　船舶用発電機の回転速度

　近年の船舶発電機用ディーゼルエンジンセットに搭載されている発電機は、そのほとんどが交流式発電機である。交流発電の場合、発電される電力の周波数が重要になり、ほぼ50Hzもしくは60Hzに限定される。このような交流発電機がディーゼルエンジンに直結された場合、そのエンジンの回転速度は発電するべき周波数に依存することになるので、その結果、自動的にエンジンの回転速度が決定される。そのエンジンおよび発電機の回転速度と電力の周波数との間には、式（3.9）の関係がある。

・　発電機の極数と発電機の回転速度との関係

$$N(G) = \frac{(120 \cdot Fr)}{Po} \tag{3.9}$$

ここで、

$N(G)$　　：　発電機回転速度（min^{-1}）
Fr　　：　周波数（Hz）
Po　　：　発電機の極数
　である。

　なお、エンジンと発電機とが直結されている場合は、"発電機回転速度＝エンジン回転速度"となる。

　ここで、式（3.9）をふまえると、極数による発電機回転速度の違いについては、50Hzの場合は表3.2に、60Hzの場合は表3.3に示される値となる。

表3.2　発電機の極数と回転速度との関係（50Hz）

極数	2	4	6	8	10	12
回転速度（＝エンジン回転速度）(min^{-1})	3000	1500	1000	750	600	500

表3.3　発電機の極数と回転速度との関係（60Hz）

極数	2	4	6	8	10	12
回転速度（＝エンジン回転速度）(min^{-1})	3600	1800	1200	900	720	600

　表に示すとおり、発電機の極数が減ると、エンジンの回転速度が増える、つまり高速回転となることから、同じ出力でもエンジンを小型化することができ、その結果として、初期費用のコストダウンをすることができ、また機関室内のスペースをより有効に使えるようになる、などのメリットも出てくる。このような特徴を有していることから、近年では、高速回転仕様の船舶発電機用ディーゼルエンジンセットも多く採用されるようになってきている。

3-2-3　船舶発電機用ディーゼルエンジンに要求される回転速度変動率

　船舶という環境下では、搭載機器の故障が原因で船舶システムが正常に作動しなくなると、漂流などといった人命にかかわる重大な事故につながる可能性が高くなる。このような状況で使われる船舶用発電機は、ディーゼルエンジンと同様に信頼性が高く、頑丈で、取り扱いが容易で、かつ省力化されたものでなければならない。また、船内の狭い機関室内に据え付けることがほとんどであることから、前述のごとく、最近では小型軽量な船舶発電機用ディーゼルエンジンセットが求められている。そのほとんどにおいて自励式あるいはブラシレス式が採用されており、負荷変動において電圧変動がわずかになるように、また回復時間も短くなるように設計、設定されている。

　一方で、高過給化の技術の進歩により、ディーゼルエンジンの平均有効圧力も上昇しているが、その結果として、発電機負荷を無負荷もしくは部分負荷か

ら、負荷を一気に上昇させる負荷投入という動作を実施した場合に、排気ガスタービン過給機の追従遅れによる空気量不足などの理由によって、一時的に機関回転速度が低下するという事象が発生することがある。

この現象は、必ずしもディーゼルエンジンの欠陥というわけではなく、上述の例においては、排ガスの持つエネルギーによる過給機の回転上昇がそれに直結されたブロアの空気吐出量の増大に即時には追従しない、という時間的な遅れによるものである。つまり、この時間的な遅れが負荷投入時における機関回転速度の低下の大きな原因のひとつである。

さらに、ディーゼルエンジンの小型高速化により、船舶発電機用ディーゼルエンジン全体の慣性マスは軽減されていく傾向にあり、これが負荷投入時の機関回転速度の低下を助長させる結果になっている。

そのため日本海事協会といった船級協会などで定められている"全負荷を急激に加え、また除いた場合に回転速度変動率が瞬時において定格速度の10％以下、整定において5％以下"といった規定に合格することができない事案が増えてきたことに対し、中大型船の船舶発電機用ディーゼルエンジンでは、2台以上の並列運転をしたり、スタンバイ機を搭載したり、というふうに、1台が異常状態により停止したとしても、別のディーゼルエンジンが動作していればよい、との考え方を導入するようになった。その結果として、経済的、効率的な観点から、高過給ディーゼルエンジンも船舶発電機用ディーゼルエンジンとして広く採用されるようになった。

ところで、ここまでは負荷投入時の機関回転速度の低下について述べてきたが、特に交流発電機の場合、その発生する周波数が乱れると、船舶に搭載した電子機器などが異常をきたしたり、破壊してしまったりするなど、大きな影響を及ぼしてしまう。そのため船舶発電機用ディーゼルエンジンは、通常運転中でもその回転速度変動をできるだけ小さくする必要がある。

そのような理由から、船舶主機関用ディーゼルエンジンに比べて、交流発電機を搭載した船舶発電機用ディーゼルエンジンにおいては、目安となる回転速度変動率を低く抑えられているのが前述の表3.1からわかる。それゆえ船舶発

電機用ディーゼルエンジンにおいては、その回転速度変動率を抑えるため、主たる慣性マスであるフライホイールが船舶主機関用ディーゼルエンジンに比べて大きく重たく設定されていることが多いのが特徴となっている。

　ここまで本章では、船舶用ディーゼルエンジンの概要を説明した。次の章以降では、船舶用ディーゼルエンジンの整備方法について、その詳細を順を追って説明する。

※3-1　JIS B 0108-1で定義される用語で、エンジンの出力と排気量との関係を表した指標のこと。
※3-2　JIS B 0108-1で定義される用語で、燃焼時の作動サイクルにおけるシリンダ内の作動ガスの最高圧力のこと。
※3-3　詳細は第2章（2-7-3-2）を参照のこと。
※3-4　重さ（質量）を持った回転体の質量と回転体の回転半径の2乗との積で表せるエネルギーのこと。慣性モーメントとも言う。
※3-5　詳細は第2章（2-1）を参照のこと。

参考文献：
（1）大道寺　達、ディーゼル機関設計法、（1973/02）、pp.137-138、工学図書株式会社
（2）藤田　護、舶用エンジンの保守と整備5訂版、（1998/03）、p.168、株式会社成山堂書店

第4章　整備の準備と方法

　"第2章　ディーゼルエンジンの構造"で説明したとおり、ディーゼルエンジンは多くの部品で構成されている機械構造物である。この機械構造物について、その機能を十分に発揮しつつ、永く上手に使い続けるには、日頃からの整備、点検が重要である。そこで本章以降で、船舶用ディーゼルエンジンの整備方法について、その詳細を説明する。

　なお本書では、ディーゼルエンジンとして一般的に共通した整備項目を重点的に説明するが、実際の作業においては、各社、各機種ごと発行されている取扱説明書に従い、日常点検はユーザ自身で、それ以外は整備士に整備を依頼すること。

4-1　整備工事の準備

　エンジンの分解整備は基本的に中間検査、定期検査、臨時検査の時に実施されるが、メーカーの保証ドックの際や、漁船では操業の合間などにも簡単な点検、整備が行われる。その際、規則上で分解検査を必要とする箇所などをメーカーの取扱説明書などに基づいて点検、整備および修理、部品交換を実施する必要がある。

　そのため、簡単な点検、部品交換は使用者自身で実施するが、技術的知識を必要とする重要部品については整備専門技術者に依頼することが多い。

　そのような背景から、整備工事の際は、具体的に工事仕様書を作成して事前に依頼者、請負者間で確認することが重要である。

作成する工事仕様書には次の項目を記載するとよい。

- ・　注文主、連絡先、注文番号
- ・　船名、機関型式（機関名称、出力、回転速度、製造番号）
- ・　工事着手、完成予定日
- ・　工事内容（予測される交換部品、部品番号）
- ・　検査の種類（中間検査、定期検査など）
- ・　機関の来歴（本工事に関連したこと）

ここで、中大形機関の整備工事仕様書の様式の例を図4.1に示す。

ところで、小形機関では整備項目も容易なことから図4.2の例のごとく整備作業の内容を"A"、"B"、"C"、"D"、"E"と区分したうえで、これをサービス・カルテとして一覧表にするとよい。さらにこの表を整備費の請求明細にも利用することができる。

| No. | | | | / |

工事予定	着 工	・・	整 備 工 事 仕 様 書	工事番号			
	入 港	・・		打合	・・	担当	
	出 港	・・	船 名				
	完 工	・・	船 主 　　　　　殿	整備月日			

<table>
<tr><td colspan="5" align="center">主　　　　機　　　　関</td></tr>
<tr><td>項目</td><td>番号</td><td></td><td align="center">工　事　内　容</td><td>数　量</td></tr>
<tr><td></td><td></td><td colspan="2">主機関（　　　型　　　kW　機関番号　　　）</td><td></td></tr>
<tr><td>1</td><td></td><td colspan="2">シリンダヘッド解放並びにピストン抜出し掃除受検後調整
復旧
　①　クランク室掃除オイル入替
　②　FO. LOフィルタ掃除
　③　繋留運転</td><td></td></tr>
<tr><td>2</td><td></td><td colspan="2">シリンダライナ抜出しジャケット部掃除受検の上防蝕塗装
水圧試験後復旧
　　保護亜鉛取替</td><td></td></tr>
<tr><td>3</td><td></td><td colspan="2">シリンダブロック保護亜鉛取替</td><td></td></tr>
<tr><td>4</td><td></td><td colspan="2">シリンダヘッド内部掃除及保護亜鉛取替</td><td></td></tr>
<tr><td>5</td><td></td><td colspan="2">ピストン並びにピストンピン解放掃除受検後調整組立</td><td></td></tr>
<tr><td>6</td><td></td><td colspan="2">ピストンリング取替及オイルリング取替</td><td></td></tr>
<tr><td>7</td><td></td><td colspan="2">クランクシャフト主軸受(ジャーナル、ピン)解放掃除受検後調整復旧</td><td></td></tr>
<tr><td>8</td><td></td><td colspan="2">クランクデフレクション解放前及組立後並びに各主要部計測</td><td></td></tr>
<tr><td>9</td><td></td><td colspan="2">主要部品カラーチェック施行</td><td></td></tr>
<tr><td>10</td><td></td><td colspan="2">歯車室及カム軸室各点検窓カバ取外し内部受検後復旧</td><td></td></tr>
<tr><td>11</td><td></td><td colspan="2">吸排気弁分解掃除、弁及弁座削正摺合組立</td><td></td></tr>
<tr><td>12</td><td></td><td colspan="2">起動弁分解掃除、弁及弁座削正摺合組立</td><td></td></tr>
</table>

図4.1 整備工事仕様書の例(その1/2)

項目	番号		工　　事　　内　　容	数　量
13			過給機（　　　型）取外し分解掃除、ジャケット部肉厚計測の上受検後調整組立復旧 　①　ジャケット部酸洗施行（出口、入口ケース） 　②　主軸受、保護亜鉛取替	
14			過給機インタークーラ取外し分解掃除水圧試験後組立復旧 　　保護亜鉛取替	
15			調速機取外し分解掃除受検後調整組立復旧	
16			燃料ポンプ取外し分解掃除圧力試験後取付 　　噴射時期調整	
17			燃料弁分解掃除圧力調整後取付	
18			潤滑油ポンプ取外し分解掃除、弁摺合受検後調整組立復旧	
19			冷却水ポンプ取外し分解掃除受検後調整組立復旧	
20			ビルジポンプ(機関付)取外し分解掃除受検後調整組立復旧	
21			潤滑油冷却器取外し分解掃除水圧試験の上受検後組立復旧 　　保護亜鉛取替	
22			燃料弁冷却油冷却器取外し分解掃除水圧試験の上受検後組立復旧 　　保護亜鉛取替	
23			空気槽及弁箱解放各弁摺合せの上内部掃除受検後復旧	
24			減速逆転機（　　　型）解放掃除受検後調整組立復旧 　　前後進クラッチ部及推力部解放掃除	
25			減速逆転機用潤滑油冷却器取外し分解掃除水圧試験後組立復旧　　保護亜鉛取替	
26			弾性継手取外し解放掃除受検後組立復旧	
27			海上運転施行	

図4.1　整備工事仕様書の例(その2/2)

サービス・カルテ
（請求明細）

定期	
定期外	

店 名	
整備実施者	
整備月日	

診 断

項 目	チェック	修理	項 目	チェック	修理
据付ボルト締具合			始 動 の 状 況		
FOタンクドレーン抜			冷却水の揚具合		
圧 縮 力 有 無			計 器 の 作 動		
弁 間 隙 の 確 認			リモコンの作動		
Vベルトの張り・状態			水 浸 れ 有 無		
冷却清水量の確認			油 浸 れ 有 無		
潤滑油量の確認			ハンチング有無		
電 装 品 の 作 動			クラッチ状況		
バッテリ液量・充電					
電 気 配 線 の 確 認					

交換部品

部品名	数量	単価	金額
潤 滑 油	*l*		
潤滑油こし器			
燃料こし器			
防 蝕 亜 鉛			
ブロワーウォッシュ	*l*		
不 凍 液	*l*		
防 錆 剤	*l*		
ユ ニ コ ン146			
パッキン一式			
Oリング一式			

船 主	
船 名	
機 種	
機 番	
稼働時間	時間
据付年月日	年 月 日
船 質	FRP・木・鋼
船体寸法	L×b×D 総トン数
プロペラ寸法	D×P×Ar
用 途	
使用FO	
使用LO	

整 備 作 業

項 目	A	B	C	D	E
潤 滑 油 交 換	○	○	○	○	○
L O こ し 器 交 換・掃 除	○	○	○	○	○
F O こ し 器 交 換・掃 除	○	○	○	○	○
ブロワーウォッシュ洗浄	○	○	○	○	○
防 蝕 亜 鉛 交 換		○	○	○	○
冷 却 清 水 交 換		○	○	○	○
燃 料 弁 噴 霧 確 認		○	○	○	○
ブ ロ ワ ー 掃 除		○	○	○	○
前 部 動 力 芯 確 認		○	○	○	○
プ ロ ペ ラ 軸 芯 確 認		○	○	○	○
ピ ス ト ン 抜 き			○	○	○
冷却水系統スケール除去			○	○	○
タ ー ビ ン 整 備			○	○	○
ク ラ ッ チ 整 備			○	○	○
ラ イ ナ ー 交 換				○	○
オ ー バ ー ホ ー ル					○
燃 料 ポ ン プ 整 備					○

封印の有無	有		整備区分	A
				B
				C
	無			D
				E

定期整備外工事負担区分

M	D	U

定期整備外作業

作業時間

月/日	時　間	人数
計 延		時間

潤滑油管理	☐ お客様が交換 ☐ 交換後使用時間短い	管 理 状 況	☐ 良好　☐ 不良

整備費	+	部品代	=	合計

お客様への連絡事項

次回の予定　　年　　月　　日　整備区分　A.B.C.D.E

上記の通り点検整備が実施されたことを確認する。

今回実施した整備作業及び
交換部品は以上の通りです。

お客様のお名前

㊞

図4.2　サービス・カルテの例

4-2　整備について

　エンジンは定期的にメーカーの取扱説明書に記載された基準に従って、事故の発生前に主要部品を点検および整備することで安全に、かつ安心して最良の性能で使用することができる。そして、その取扱説明書に記載された基準に従った整備作業を実施していれば、多くの工数を必要とする部品の手直しや現物合わせ、摺り合わせなどはほとんどなくなり、その定期点検時における整備の主作業は「定期的にメーカーの純正部品と交換する」こととなる。

　なお、その定期点検時における整備にあたっては、予めエンジンの来歴ならびに使用状況、使用時間など充分把握し、必ずメーカーの整備基準に従って行う必要がある。

4-3　分解時の注意点

　エンジンの分解にあたっては細心の注意をもって入念に行うべきである。また、適正な工具の使用、正しい方法による分解、部品の整理整頓など万全を期して作業を行うことが必要である。

　さらに、分解直後に汚れの状態やカーボンの付着状況の記録、あるいは写真で撮影しておき、特に分解中に破損箇所や不具合箇所を発見した場合は、その都度打ち合わせを行い、整備修理の方針を明確にして、後日トラブルが生じないよう注意が必要である。

　以下に、分解作業時の主な注意点を列挙する。
　① メーカーの取扱説明書、整備基準（マニュアル）に従い、適正な工具を使用すること。
　② 相手部品との組み合わせがある部品には合わせ番号をつけて組み合わせが変わらないようにすること。

③　取付の方向がある部品については分解の際、合いマークに注意し、必要に応じて合いマークを追加すること。

④　各ボルト類は同径でも長さの種類も多く、間違って組み立てると思わぬ時間を空費するので、できる限り分解したあとのねじ穴にねじ込んでおいていたり、ボルトに座金などの細かい物を入れてナットをねじ込んで一組にするなどして整理しておくこと。

⑤　電気配線の取り外しの際には、接続されている端子の番号や符号を線につけておくこと。

⑥　破損した部品はすぐに廃却せず、整備完了まで保存しておくこと。

⑦　分解のときに、特にオイルシールや、研磨面のある部品などは、絶対に傷をつけないように注意をすること。

⑧　嵌め合いが固くて抜けないようなときに、無理に強く叩いたりなどをしないで、予熱するなどして、適正な工具で抜き出すこと。

⑨　分解した部品は、きちんと分類し、整理して置いておくこと。

⑩　細かいピンやボルト、ナット類は仕分け箱に入れておくこと。

⑪　燃料ポンプや軸、軸受などはゴミの入らない所に保管し、防錆および防塵処理を実施すること。

⑫　ねじの締め付けの際には、各サイズに対して適切な工具を使用すること。そのねじサイズと2面幅、および標準的な締め付けトルクを表4.1に示す。

表4.1　ねじサイズと2面幅、標準的な締め付けトルク

■一般ボルト締付トルク

ねじ径	mm	M6	M8	M10	M12	M14	M16	M18
ピッチ	mm	1.0	1.25	1.5	1.75	1.5	1.5	1.5
2面幅	mm	10	13	17	19	22	24	27
締付トルク	N・m	6〜7	15〜16	29〜32	52〜56	91〜99	139〜150	202〜218

・一般ボルト（またはナット）はねじ部と座面に潤滑油を塗布しません。

・めねじ側の材質がアルミニウムの場合は、上表の80%とする。

・上表に示す標準締付トルクは頭部に「7」の表示があるボルト（強度区分7T/S45C）にかぎり適用する。

■管継手ボルト締付トルク

ねじ径		mm	M8	M12	M14	M16	M18	M20	M22
ピッチ		mm	1.25	1.25	1.5	1.5	1.5	1.5	1.5
2面幅		mm	14	17	19	22	24	27	30
締付トルク	炭素鋼	N・m	12〜17	25〜34	39〜49	49〜59	69〜78	88〜98	147〜196
	黄銅		8〜12	18〜25	27〜34	34〜41	48〜55	62〜69	98〜137

4-4　分解整備用工具

一般的に使用する工具を下記に示す。

4-4-1　一般工具

① 両口スパナ（各寸法）

② 片口スパナ（各寸法）

③ ボックスレンチ（ラチェットハンドル式付き）

④ 両口ボックススパナ

⑤ モンキレンチ

⑥ L形六角レンチ

⑦ トルクレンチ（4〜12N・m用、40〜180N・m用、40〜280N・m用、60〜420N・m用）：図4.3参照。

⑧ オフセットレンチ（めがねレンチ）

⑨ プラスチックハンマー（部品の損傷予防）

⑩ プライヤー（スナップリング用）

⑪ プライヤー（ピストンリング用）

⑫ ペンチ

⑬ マイナスドライバー（先端

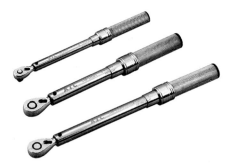

図4.3　トルクレンチの例[1]

　　が平らなもの）

⑭　プラスドライバー（先端が＋のもの）

⑮　ギヤプーラー（軸継手等の嵌め合い部品の抜き出し用）

4-4-2　特殊分解組立工具

①　　ピストン吊上げボルト　　　：　図4.4参照。

②　　シリンダライナ抜出工具　　：　図4.5参照。

③　　ピストンピンメタル抜出工具　：　図4.6参照。

④　　バルブガイド挿入工具　　　：　図4.7参照。

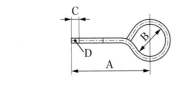

A	B	C	D
100	40	10	M6×1.0

図4.4　ピストン吊上げボルトの例

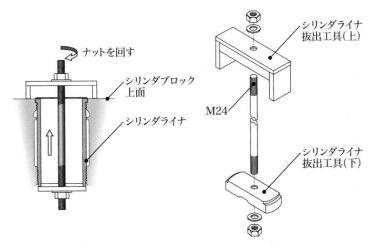

図4.5　シリンダライナ抜出工具の例

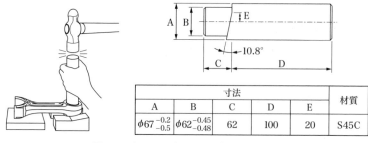

寸法					材質
A	B	C	D	E	
$\phi67^{-0.2}_{-0.5}$	$\phi62^{-0.45}_{-0.48}$	62	100	20	S45C

図4.6　ピストンピンメタル抜出工具の例

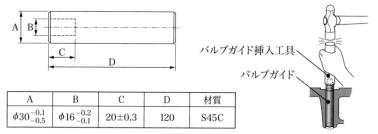

A	B	C	D	材質
$\phi30^{-0.1}_{-0.5}$	$\phi16^{-0.2}_{-0.1}$	20±0.3	120	S45C

図4.7　バルブガイド挿入工具の例

4-5　部品の洗浄方法

　エンジンの分解組立に要する工数の1/3は部品の洗浄である。その洗浄は分解後の検査が容易となるようできるだけ全部品に対して行い、組立直前に再度清浄な洗剤で完全に施工することが重要である。

　市販の洗剤を使用する際は部品のコーティングや腐食に対して問題がないか事前に洗剤メーカーの取扱説明書を確認しておくこと。また、使用後の洗剤はメーカーの取扱説明書に従い適切な処理を実施して処分すること。

4-5-1　燃焼カーボン清掃

　シリンダヘッド、ピストン、吸排気弁、過給機など燃焼ガスに晒される部分はカーボン除去が必要である。その際、市販のカーボン除去剤を使用する場合

もある。

4-5-2　各部品の洗浄

一般的には弱アルカリ性の洗剤を使用すること。また、高圧空気や洗剤を吹きつける噴霧洗浄機などを使用して洗浄すること。

4-5-3　潤滑油冷却器などの洗浄

潤滑油冷却器、清水冷却器、インタークーラなどは電気ドリルの先端にナイロンブラシを取り付け管内に通して清掃すること。管外面は前項の洗剤を利用すること。洗剤をポンプでクーラ内に循環させる方法もある。

海水通路部には硬いスケールや錆が堆積しているので、市販のスケール除去剤を使用してもよい。

4-5-4　海水通路部のスケール落とし

清水冷却器などの冷却経路には固いスケールが堆積するため市販のスケール除去剤を使用することが効果的である。その際、洗剤に規定時間浸漬する方法の他に、ポンプを用いることにより洗剤を循環させてスケールを除去する方法もある。洗浄後は清水での洗浄を必ず実施すること。

4-6　部品の検査方法

部品を分解洗浄後、再使用するか交換するかは整備基準に基づいて決定するのだが、次の点検時期まで使用できるかの判断をするためには充分な検査を実施することが重要である。

4-6-1　外観検査

まず、外観状態を目視で確認する。

① 　各部品の表面状態 ： 　異常摩耗の有無、ピストン、シリンダ内面や軸

　　　　　　　　　　　　　　　受のカジリなどの有無など。

②　破損部品の有無　：　軸、ギヤ、ボルト、ピストンリング、バネなどに
　　　　　　　　　　　　　　おける傷の有無など。

③　腐食の状態　：　シリンダライナ、ピストン、シリンダヘッドなどにお
　　　　　　　　　　　ける損傷の有無など。

4-6-2　寸法計測、精度検査

（1）　クランクシャフト、軸受（図4.8、図4.9参照）

①　クランクシャフトの曲がりは定盤で両端の軸部を支えて中央のジャーナ
　　ル部にダイヤルゲージを当てて回転しながらダイヤルゲージを読み取る
　　ことによって曲がりを測定すること。

②　クランクシャフト軸径計測
　　クランクシャフト各ジャーナル部、ピン部とも、軸方向a、bの2か所
　　について、各ピンのトップ位置上下をA-A方向とし、直角方向をB-B方
　　向として、それぞれ2方向計測すること。

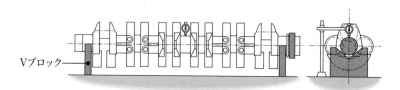

（1）　曲がり測定

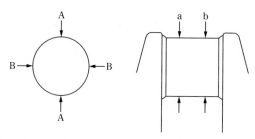

（2）　ピン部、ジャーナル部の外径および真円度測定位置

図4.8　クランクシャフトの検査方法

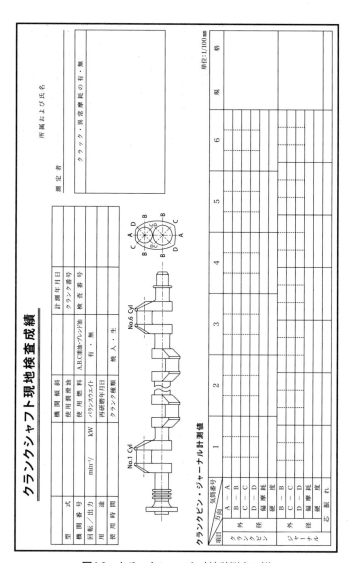

図4.9　クランクシャフト寸法計測表の例

（2）　シリンダライナの内径計測（図4.10参照）

　図に示された高さ位置の縦と横を計測すること。特にトップリング位置の箇所は必ず計測しておくこと。

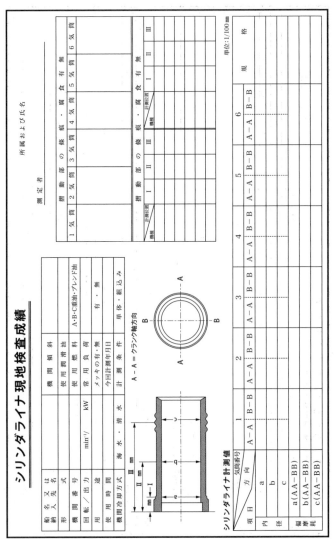

図4.10　シリンダライナ内径計測表の例

（3） ピストン、ピストンリング（図4.11参照）

　必要箇所を計測すること。また、リング溝のすきまも計測したうえで交換要否を判断すること。ピストンリングは幅と厚さを計測すること。

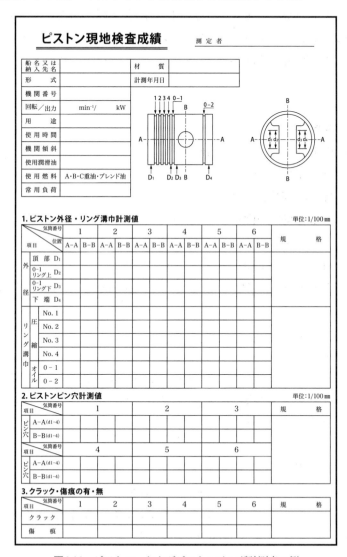

図4.11　ピストン、およびピストンリング計測表の例

（4）　各種ギヤバックラッシ

　ギヤのバックラッシが適正でないと運転中の騒音、摩耗、カジリ等発生の原因となる。そのバックラッシは片側のギヤを固定しておいてダイヤルゲージでかみ合うギヤを動かしてすきまを読み取る方法や、はんだ線をギヤに嚙みこませてつぶれた厚さを計測する方法などにより確認すること。バックラッシが限度以上、または歯面損傷の場合、かみ合うギヤをセットで交換することが必要となる。

4-6-3　非破壊検査

　部品の傷を調べる手段に非破壊検査がある。

①　浸透探傷（カラーチェック）
　　　　部品表面の洗浄。（脱脂）
　　　　部品全体に赤色液を吹き付ける。
　　　　5～10分程度放置して浸透させる。
　　　　再洗浄。（洗浄液による残留赤色液の除去）
　　　　白色液の吹き付け。（傷に浸透した赤色液が吸い出されキズの箇所だけ赤くなる。）
　　　　傷の有無判断。

②　磁気探傷
　　　　クランクシャフトのように磁化できる部品に磁化電流を流して磁化させておき、探傷液を注ぎ液中の磁粉をかけ、これによって微細な傷を発見する方法である。

4-6-4　硬度検査

　ピストンピン、ギヤなど焼入れ部品の硬さ試験などに用いられる器具のひとつに"ショア硬度計"がある。このショア硬度計は、小形で測定も容易であることから、船内等でも各部品の硬度を計測することができる。

4-7 再組み立て時の注意点

組立は分解と同じく取扱説明書や整備マニュアルに従い、注意深く実施すること。組立は最後の仕上げとなるため、部品の組忘れ、締め忘れに注意すること。

① 組立の際は各部品を組付け前に再洗浄して軸受など摺動部や油穴にはゴミが入らないようにすること。

② 組立中指定された箇所のすきま、バックラッシなどをチェックしておくこと。

③ 各配管系のパッキンなども純正品を使用すること。

④ オイルシール類は油をシールするリップ部分には傷をつけないようにすること。なお、オイルシール組み込み時には、図4.12の"良い例"のように当て板をし、全周をハンマーで均等にたたき、オイルシールが傾斜しないように注意すること。同図の"悪い例"のように局部的に叩き込みをしないこと。また、組込みの向きを間違えないこと。

⑤ ゴムパッキン、座金、割ピンなどは、必ず新品を使用し、再使用しないこと。

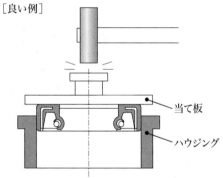

［良い例］

当て板

ハウジング

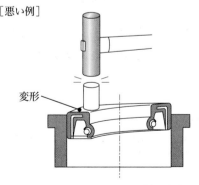

［悪い例］

変形

図4.12 オイルシールの挿入方法

⑥　回り止めに使用する舌付座金や割ピンは必ず折り曲げ、回り止めをして
　　おくこと。

⑦　各摺動部には新油を塗布して組み立てること。

⑧　ヘッドボルトなど2〜数本一対で締め付けられている部品は一度に締め
　　付けず、2〜3段階に分けて一対ずつ行うこと。（図4.13参照）

⑨　カムシャフトギヤなど、合いマークのあるものは間違わないように注意
　　すること。

⑩　組立時、必要に応じて液体パッキン、シールテープ、極圧潤滑材、ねじ
　　ロックを使用すること。

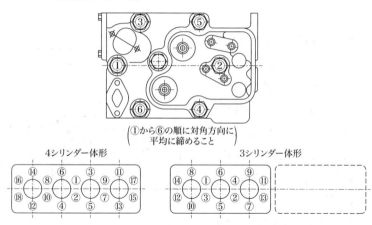

図4.13　ヘッドボルトの締め付け順序の例

　ここまで本章では、船舶用ディーゼルエンジンの整備における準備と方法に
ついての概要を説明した。次の章では、主要部の整備方法について、具体的に
説明する。

参考文献：

（1）KTC京都機械工具株式会社 ホームページ：
　　https://ktc.jp/catalog/index-category/category-list/cmpc0253_1003（参照日：2021/05/07）

第5章　主要部の整備方法

　本章では、機関の主要部分について、その整備工事の具体的方法を、分解、点検、計測、整備、組立の順序に従って列記する。なお、エンジンによって、その細部の構造が相違する場合があるが、主要部品の構成には大きな差はないことから、ここでは一般的な方法として記述する。

5-1　分解の準備

エンジンの主要部を分解する前に下記の順序で準備する。
① 冷却水
   ・ 清水　：　シリンダ本体、清水クーラ、清水ポンプなどのコック（プラグ）から清水を抜く。
   ・ 海水　：　海水ポンプ、潤滑油クーラなどのコック（プラグ）から海水を抜く。
② 潤滑油
   ・ 潤滑油クーラ、フィルタなどのコック（プラグ）から潤滑油を抜く。
③ 燃料油
   ・ フィルタのドレンプラグを緩め、燃料油を抜く。
④ 始動空気
   ・ 管継手を緩めて空気を抜く。
⑤ 電気関係
   ・ 電気配線の各端子を外す。
⑥ 各配管

- ・ 管継手やフランジのボルトを外し、ホースクリップを緩め、ゴムホースを外す。
- ⑦ クラッチ、たわみ軸継手
  - ・ エンジンとの接続ボルトを外し、クラッチとエンジンと離す。
  - ・ 機関側たわみ軸継手を取り外す。

5-2 シリンダヘッド関連

5-2-1 シリンダヘッド分解

- ① シリンダヘッドを取り外すために必要な次の部品を外す。
  - ・ シリンダヘッドボンネット
  - ・ 排気マニホールド
  - ・ 燃料高圧管
  - ・ 冷却水出口管
  - ・ 始動空気管（圧縮空気直入れ方式の場合）
  - ・ 吸排気弁腕、プッシュロッド
- ② シリンダヘッド締め付けボルトを緩める。
      注）ひずみ防止のため交互対角線状に徐々に緩めること。
- ③ 吸排気弁を取り外す。（バネ脱着用具を使用してバルブローテータを外す。）
- ④ 始動弁、燃料噴射弁などを取り外す。
- ⑤ インジケータコック（装備されている場合）を取り外す。

5-2-2 点検、整備

シリンダヘッド仕組の代表的な点検計測内容と整備内容の例を表5.1に示す。

表5.1　シリンダヘッド仕組の点検計測内容と整備内容例

点検計測内容	整備内容
(1) 分解したままの状態で点検	
① 燃焼室、吸排気通路および吸排気弁における弁傘部のカーボン堆積状態の目視	燃焼室のカーボン落とし（カーボン堆積が多い場合は、燃焼機構のオイルアップ、および吸排気弁ガイドからのオイルダウンなどを点検のこと。）
② 水衣部（ジャケット部）のスケール付着の目視	水衣部のスケール落とし（スケールが多い場合は、冷却水ポンプ、冷却水通路を点検のこと。）
(2) カーボン、スケール掃除後の点検	
① 燃焼室のき裂の有無（カラーチェック）	き裂がある場合は、部品交換
② シリンダライナとの締め付け面の変形、ひずみの目視および定盤上での点検	基準以上の変形、ひずみがある場合は、部品交換
③ 水衣部（ジャケット部）の漏水の有無（要すれば、水圧治具を使用し、水圧テストを実施のこと。）	修理できないときは、部品交換
④ 水衣部（ジャケット部）の腐食状況	腐食が甚だしいものは、部品交換
⑤ 防食亜鉛の損耗具合	損耗が1/2以上のときは、防食亜鉛交換
⑥ 吸排気弁シートリングの緩み（テストハンマー使用）	基準以上の緩みがある場合は、部品交換
⑦ 吸気弁、排気弁の弁座とヘッドのシートリング（弁座）の当たり、面荒れ、損傷、き裂、摩耗量、変形	き裂や、基準以上の損傷、摩耗、変形がある場合は、部品交換
⑧ 吸排気弁ガイドの緩み、浮き上がり（テストハンマー使用）	緩みがある場合は、部品交換
⑨ 吸排気弁と弁ガイドのすきま	基準以上のすきまがある場合は、部品交換
⑩ 各植込みボルトの曲がり、緩み、ねじ部の損傷	曲がり変形や、ねじに損傷がある場合は、部品交換
⑪ 弁のステム部の摩耗、焼付き	焼付きや、基準以上の摩耗がある場合は、部品交換
⑫ 弁バネの損傷、変形	損傷、変形がある場合は、部品交換
⑬ 弁バネの自由長	基準以上の変形がある場合は、部品交換
⑭ バネ受けと止め金の当たり、および摩耗	当たり不良や摩耗が甚だしい場合は、部品交換
⑮ Oリング、パッキン類の損傷、当たり不良	老化、損傷が甚だしいもの、長時間使用のものは、部品交換
⑯ 弁腕軸と軸受のすきま計測、および軸受（ブッシュ）の固定具合	すきまの甚だしく大きいもの、ブッシュが動く場合は、部品交換

5-2-3　組立

① 吸排気弁バルブシート交換時

    a．バルブシート挿入穴を清掃する。

    b．バルブシートを液体窒素の中か、またはエーテルあるいはアルコールとドライアイスを入れた容器の中に入れて十分冷却する。

    c．シリンダヘッドのバルブシート挿入部周辺をドライヤーで80～100℃に加熱する。

    d．十分に冷却されたバルブシートを新しい吸排気弁を使用して吸排気弁の弁傘部を叩いてシリンダヘッドに確実に挿入する。

    e．シリンダヘッド全体が一様に常温になるまで放置する。

    f．シリンダヘッド吸排気ポートとバルブシートの中心の位置がずれないよう注意する。

    g．バルブシート形状を十分にチェックして組み込むこと。（吸気と排気の組み間違いをしないこと。）

② バルブガイド交換時は工具を用いてプレスで圧入するか、または冷やし嵌めを行う。

③ 吸排気バルブガイドにバルブステムシールを取付ける。（一度外すと再使用できないので交換すること。）
バルブステムシールは専用工具で装着する。リップ損傷防止のため、リップ部、装着ガイド部、バルブガイド部に潤滑油を塗布する。

④ 吸排気弁、バルブスプリングの組付け
スプリングの外観に傷や腐食がないか目視点検し、傷や腐食があるものは交換する。

⑤ 各ボルト、ナットの損傷品は交換する。

⑥ ヘッドガスケットを交換する。

⑦ シリンダヘッドの組付け時は交互対角線の方向の順に、かつ数回に分けて締め付ける。

⑧ トップクリアランス（図5.1参照）の計測

  a．ピストン上部に良質のヒューズ（φ2mm×長さ約10mm）を4箇
　　所におく。ガスケットおよびシリンダヘッドを組み付け、締付順序
　　に従って規定のトルクで締付ける。

  b．フライホイールをターニングして、ピストン頭部でヒューズを押し
　　つぶす。

  c．シリンダヘッドを外し、押しつぶされたヒューズを取り出す。

⑨　始動弁、排気マニホールド等を取り付ける。（パッキン、Oリングなど
　　は新替えすること。）

⑩　弁腕軸台の取付け

　　弁腕が軽く揺動すること。

　　弁と弁腕の当たりを確認する。

　　吸排気弁のすきま調整を行う。

⑪　デコンプ操作の確認

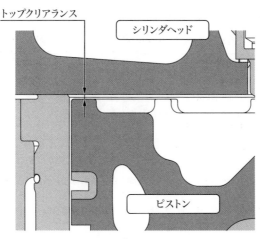

図5.1　トップクリアランス

5-3　ピストン関連

5-3-1　ピストン分解

① クランクケース側フタを外す。

② ロッドボルトの取り外しが容易な位置にクランクシャフトをターニングする。

③ コネクティングロッド大端を取り外す。

　・　専用のボックススパナにてボルトを緩める。

　・　ロッドボルトを抜き、大端を取り外す。

④ ピストンの抜出し

　・　ピストン頂部にピストン吊上げボルト（図4.4参照）をねじ込み抜き出す。

⑤ ピストンピン止め輪を外し、ピストンピンを抜き出す。

⑥ ピストンリングを外す。（広げすぎないよう注意すること）

5-3-2　点検、整備

ピストン仕組の代表的な点検計測内容と整備内容の例を表5.2に示す。

表5.2　ピストン仕組の点検計測内容と整備内容例

点検計測内容	整備内容
(1) 分解したままの状態で点検 　① ピストン燃焼面の状況の目視 　② ピストン上部（リング溝、油穴）の 　　カーボン堆積状況の目視	カーボンの掃除 溝、穴部の洗浄
(2) カーボン掃除、洗浄後の点検 　(a) ピストン 　　① ピストン頂部の腐食および傷の有無 　　　（カラーチェック） 　　② リングトレガー、リング溝、および 　　　内側のリブ、ボス部のき裂の有無 　　　（カラーチェック）	 き裂がある場合は、部品交換 き裂がある場合は、部品交換

③	ピストン摺動部の傷、および当たり状況	傷が甚だしいものは、部品交換
④	ピストンピン穴部の傷、および当たり状況	傷が甚だしいものは、部品交換
⑤	ピストン寸法（外径、ピン穴、リング溝）（4-6-2項を参照）	基準以上の変形、摩耗がある場合は、部品交換
⑥	組立式ピストンの場合、ピストンヘッド当たり面、および締付けボルトの緩み	緩みがある場合は、部品交換
(b) ピストンピン止め輪 　　ピストンピン止め輪の変形		基準以上の変形がある場合は、部品交換
(c) ピストンピン		
①	ピストンピン表面の当たり、焼付き、異物による損傷、き裂の発生、および摩耗状況	き裂がある場合や、基準以上の変形、摩耗がある場合は、部品交換
②	ピストンピン端面の傷、き裂の有無	き裂がある場合は、部品交換
(d) ピストンリング		
①	リングの破損、膠着、異常摩耗の有無	破損がある場合や、基準以上の変形、摩耗がある場合は、部品交換
②	リング摺動面や上下面の当たり、焼付きの有無、および寸法	基準以上の変形、摩耗がある場合は、部品交換

5-3-3　組立

① ピストン、ピストンピン、ピストンリングの仕組

- ピストンリングを交換する時は圧力リング、オイルリングとも全て交換する。

- ピストンリングの上下の順が逆にならないよう記号、断面形状に注意する。

- ピストンリングの刻印を上にして組み付ける。

- クロムメッキ施工のシリンダライナにはクロムメッキ施工のピストンリングは使用しないこと。

- ピストンリングを装着してピストンリングが溝に沿って軽く動くことを確認する。

- 片側の止め輪を入れ、ピストン頂部を下にしてピストンピンを挿入

する。

(コネクティングロッド分割面とピストン頂部の向きを合わせる。

(アルミピストンの場合はあらかじめ70～80℃の油槽で15～30分
暖めてからピストンピンを挿入する。)

② 　ピストンとコネクティングロッドをエンジンへ組み付ける。

- 分解とは反対の手順で行う。
- ピストンリングの合い口を90度ずらし、合い口が並ばないように
注意する。(燃焼ガス漏れ防止。)
- シリンダライナへの挿入時はピストン挿入工具を使用する。
- 挿入時にピストンリングを折損しないよう徐々に挿入する。
- シリンダ番号、組付け方向に間違いないか再確認する。
- コネクティングロッド組み付けについては次項参照。

5-4　コネクティングロッド関連

5-4-1　コネクティングロッド分解

前述の"5-3節　ピストン関連"を参照のこと。

5-4-2　点検、整備

コネクティングロッド仕組の代表的な点検計測内容と整備内容の例を表5.3
に示す。

表5.3　コネクティングロッド仕組の点検計測内容と整備内容例

点検計測内容	整備内容
(1) ロッドボルト 　① 分解前のボルト(ナット)の緩みなど 　　の異常の有無 　② ねじ部、リーマ部のガタ、および焼付 　　き、締付け面の当たり	異常があるもの、ボルトの使用限度時間以上 のものは、部品交換
(2) コネクティングロッドの大端部 　① セレーション側、または合わせ面のた	き裂がある場合は、部品交換

たかれ傷、歯底の傷などの異常の有無	
② 軸受（ベアリング）内面の当たり状況（変形、焼付き、摩耗、腐食、オーバレイ消滅）	焼付き、基準以上の摩耗がある場合は、部品交換
③ ベアリング背面の当たり、爪部の損傷状況	損傷が甚だしいものは、部品交換
④ ねじ部、リーマ部、締付け面のむしれ、損傷状況	損傷が甚だしいものは、部品交換
(3) コネクティングロッドの小端部 ① 軸受止めボルト装備の場合は、止めボルトや座金の緩み	締め直し、または部品交換
② 軸受の緩み	緩みがある場合は、部品交換
③ 軸受内面のたたかれ傷、焼付き、異物による損傷、異常摩耗、当たり	焼付き、基準以上の摩耗がある場合は、部品交換
(4) コネクティングロッド本体 ① 変形、損傷、き裂の有無（カラーチェック）	き裂があったり、基準以上の変形、摩耗がある場合は、部品交換
② 油穴の目詰まり	洗浄
③ 各軸受の内径寸法（4-6-2項を参照）	基準以上の変形、摩耗がある場合は、部品交換
④ コネクティングロッドの倒れ、ねじれ	基準以上の変形がある場合は、部品交換

5-4-3 組立

① ピストンとの仕組

　a．コネクティングロッドの方向を確認してピストンに仕組む。

　b．仕組み後、ピストンとコネクティングロッド横方向のすきまを確認する。

② クランクシャフトへの組付け

　a．クランクシャフトに挿入時、コネクティングロッドをクランクピンに当ててしまって傷をつけないよう注意する。

　b．挿入時に軸受（ベアリング）が脱落していないか確認する。

　c．ボルトの番号、合いマークを確認して下メタルを組み付ける。（ロッドボルトを新替えした場合、合いマークを打刻しておくこと。）

　d．セレーションの嵌まり込み、および側面に段差が生じないよう取り付ける。

　　e．全てのロッドボルトを仮締め後、取扱説明書の手順に従い、本締めを
　　　行う。

　　f．コネクティングロッド両サイドとクランクシャフトのピンの両サイド
　　　にすきまがあることを確認する。

　　g．クランクシャフトが軽くターニングできることを確認する。

5-5　シリンダライナ関連

5-5-1　シリンダライナ分解

① シリンダライナ抜出工具（図4.5参照）を使用して抜き出す。

② シリンダ水衣部（ジャケット）内に残留している冷却水が落ちないよ
　う、あらかじめシリンダライナ下部のクランクケース内に厚紙などで受
　けておく。

5-5-2　点検、整備

シリンダライナ仕組の代表的な点検計測内容と整備内容の例を表5.4に示す。

表5.4　シリンダライナ仕組の点検計測内容と整備内容例

点検計測内容	整備内容
（1）分解したままの状態で点検 　① 冷却水側の腐食の状態 　② ガスケット部の当たり状況 　③ 上部のカーボン堆積状況、締付け面の 　　当たり	スケール落とし 損傷が甚だしいものは、部品交換 カーボンの掃除
（2）掃除後の点検 　① 内面の引っ掻き傷、摩耗、焼付きの状 　　況の目視 　　クロームメッキを施している場合に 　　は、白斑（ミルキースポット）現象 　　（酸食）の有無 　② き裂発生の有無（カラーチェック） 　③ シリンダヘッドとの締付け面の当た 　　り、ガスケットの状態	焼付き、基準以上の摩耗がある場合は、部品 交換 き裂がある場合は、部品交換 損傷が甚だしいものは、部品交換 ガスケットは分解の都度に部品交換

④	内径の計測 （特にピストン上死点のトップリング 位置付近の摩耗）（4-6-2項を参照）	基準以上の摩耗がある場合は、部品交換
⑤	ゴムパッキン嵌め込み部の腐食の状態	損傷が甚だしいものは、部品交換
⑥	防食亜鉛の損耗具合	損耗が1/2以上のときは、防食亜鉛交換
⑦	シリンダブロック本体との嵌合部の外 径、楕円度計測、外周の腐食状況	損傷が甚だしいものは、部品交換

5-5-3　組立

① シリンダ内のシリンダライナ嵌め込み部を清掃し、ペンキ、ゴミなどの付着がないことを確認する。

② ゴムパッキンは新品と交換し、シリンダライナに挿入後、ゴムパッキンにねじれがないようにしておく。

③ シリコンまたは潤滑油を塗布して滑りをよくする。

④ シリンダライナの組込み方向を間違えないように組み込む。（シリンダとの合わせマークを確認する。）

⑤ 装着後は必ずシリンダライナの変形を計測し、判定基準内であることを確認する。

⑥ 確認後、水位部の水圧試験を行い、水漏れのないことを確認する。

5-6　シリンダ本体関連

5-6-1　シリンダ本体分解

① 分解に必要な下記の部品を外す。

- ・ シリンダヘッド関連
- ・ 排気マニホールド
- ・ 過給機
- ・ 始動装置
- ・ クラッチ関連
- ・ フライホイール

- 燃料ポンプ、調速関連
- 動弁系、操縦装置関連
- 冷却水ポンプ、
- 潤滑油冷却器、清水冷却器、インタークーラ
- 潤滑油こし器、燃料油こし器
- 計器板、付属品

② オイルパン式の場合
- シリンダ反転装置を両側に取り付ける。
- オイルパンを外す。
- シリンダ本体を反転する。
- 油切りフタ類を取り外す。
- 主軸受ボルト、サイドボルトを緩め、主軸受、ベアリングを外してクランクシャフトを取り出す。

③ 台板式の場合
- 台板にエンジン据え付け脚が付いていることから、エンジンを固定したまま分解ができる。
- 油切りフタ類を外し、シリンダ本体と結合ボルトを外して、シリンダ本体と台板とを切り離す。
- 主軸受、クランクシャフトを台板から取り外す。

5-6-2　点検、整備

シリンダ本体仕組の代表的な点検計測内容と整備内容の例を表5.5に示す。

表5.5　シリンダ本体仕組の点検計測内容と整備内容例

点検計測内容	整備内容
（1）シリンダ本体 　① シリンダヘッド取付け部の植込みボルト用ねじ穴周辺のき裂の有無（カラーチェック）	き裂がある場合は、部品交換
② シリンダライナの嵌合部挿入穴の上下合わせ面（トップデッキ棚部）の損	き裂がある場合や、損傷が甚だしいものは、部品交換

傷、およびき裂の有無（カラーチェック）	
③ シリンダライナの嵌合部挿入穴のつば部（トップデッキ隅部）の損傷、およびき裂の有無（カラーチェック）	き裂がある場合や、損傷が甚だしいものは、部品交換
④ シリンダライナの嵌合部挿入穴の腐食、き裂の有無（カラーチェック）	き裂がある場合や、損傷が甚だしいものは、部品交換
⑤ 防食亜鉛、防錆塗装の損傷状況	損耗が1/2以上のときは、防食亜鉛交換
⑥ 水位部、冷却水連絡穴部の腐食の有無	損傷が甚だしいものは、部品交換
⑦ 各植込みボルトの緩み、ねじ部の損傷の有無	損傷が甚だしいものは、部品交換
⑧ 各油穴のゴミ、異物の有無、き裂などの有無	洗浄、清掃
⑨ クランク室の各隔壁やリブのき裂の有無（カラーチェック）	き裂がある場合は、部品交換
（2）オイルパン（台板）	
① シリンダ本体と同様の黒皮面、特にリブ、および付け根のき裂の有無（カラーチェック）	き裂がある場合は、部品交換
② シリンダ本体とオイルパン（台板）との合わせ面の損傷状況	損傷が甚だしいものは、部品交換
③ シリンダ本体とオイルパン（台板）との締付けボルトの締付け面の損傷状況	損傷が甚だしいものは、部品交換
④ 機関脚あるいは台板の据え付け面の損傷状況、チョークライナの緩み	デフレクションを測定しながら、軸心を調整

5-6-3　組立

① シリンダ、オイルパンまたは台板の内部を洗浄し、ゴミや異物などを残さないこと。

② クランクシャフトおよび潤滑油ポンプ、主軸受などを取り付ける。

③ 分解した時の順序とは逆の順序で、分解時に取り外した部品を順次取り付ける。

5-7　クランクシャフトと主軸受関連

5-7-1　クランクシャフトと主軸受分解

① 主軸受ボルト（ナット）、サイドボルトをボックススパナを用いて外す。

② ボルトとナットは各々合いマーク（番号）を確認しておく。

③ 主軸受を取り外す。

④ クランクシャフトを取り外す。

⑤ ベアリングを取り外す。

　クランクシャフトを残したままでベアリングを取り出す時、あるいは装着する時は、クランクシャフト油穴に抜出用ピンを挿入して行うこと。

5-7-2　点検、整備

　クランクシャフト仕組の代表的な点検計測内容と整備内容の例を表5.6に示す。

表5.6　クランクシャフト仕組の点検計測内容と整備内容例

点検計測内容	整備内容
(1) 主軸受ボルト 　① 植込みボルト、およびナットの緩み、ねじのガタの大小	異常があるもの、ボルトの使用限度時間以上のものは、部品交換
② ボルトのねじ部、ナットのねじ部、ボルト軸部の焼付き、損傷状態	損傷が甚だしいものは、部品交換
③ き裂の有無	き裂があるものは、部品交換
(2) 主軸受 　① 主軸受押え（キャップ）締付け面、インロー部のたたかれ傷などの異常の有無	損傷が甚だしいものは、部品交換
② 主軸受（ベアリング）内面の当たり状況（肌荒れ、変色、焼付き、き裂、剥離、腐食、異常摩耗、異物の埋没、オーバレイ消滅）	き裂がある場合や、損傷が甚だしいものは、部品交換
③ ベアリング背面の当たり、爪部の損傷状況	損傷が甚だしいものは、部品交換

④ ベアリングの上下合わせ面のたたかれ傷などの有無	損傷が甚だしいものは、部品交換
⑤ 主軸受の内径寸法（ベアリングを組み込み、規定締め付け軸力で締め付けてからの計測）（4-6-2項を参照）	基準以上の変形、摩耗がある場合は、部品交換
(3) クランクシャフト：ベアリング焼損時 ① ベアリング嵌合部のハウジング内径 ② 油穴周辺のき裂の有無（カラーチェック） ③ ベアリングの変形 ④ ハウジング、軸受内径の真円度 ⑤ クランクシャフトは製造工場に返却し、精密検査を実施のこと。	き裂がある場合や、損傷が甚だしいものは、部品交換
(4) クランクシャフト：軸受部 ① ベアリングとの当たり状況、変色、腐食、焼付き損傷、ヘヤークラックの発生、異常な段付き摩耗、および偏摩耗の有無	き裂がある場合や、損傷が甚だしいものは、部品交換
② 隅肉部の状況、特にヘヤークラックの有無（カラーチェック）	き裂がある場合は、部品交換
③ 外径寸法（4-6-2項を参照）	基準以上の変形、摩耗がある場合は、部品交換
④ 軸部と軸受とのすきま（4-6-2項を参照）	基準以上の変形、摩耗がある場合は、部品交換
⑤ 油穴の汚れ、詰まり	洗浄、清掃
(5) クランクシャフト ① クランクピンで中空穴のあるのものは内部のカーボン付着状況と、閉止プラグの緩み	カーボンの掃除
② クランクシャフトの曲がり（4-6-2項を参照）、必要な場合は、継手部分の振れ	基準以上の変形がある場合は、部品交換
③ バランスウエイト、およびクランクギヤの緩み、損傷	損傷が甚だしいものは、部品交換
④ 両端軸継手のリーマボルト穴や継手締付けナット類の緩み、損傷の有無	損傷が甚だしいものは、部品交換

5-7-3　組立

① 主軸受ベアリングを組み込む。

② クランクシャフトをシリンダブロックまたは台板に組み込む。（バランスウエイトがシリンダに当たらないようにすること。またクランクギヤの合いマークを合わせること。）

③ 主軸受を組み付ける。（シリンダとの合いマークを確認すること。）

④ 主軸受ボルト、および同ナットの合いマーク（番号）を確認して締め付ける。

⑤ ベアリングを交換した場合はクランクシャフトのデフレクションを再チェックする。

⑥ 分解前後における軸受のすきまを確認する。

⑦ クランクシャフトが軽く回転するかを確認する。

⑧ クランクシャフトの軸方向のすきまを確認する。

⑨ クランクシャフトの油穴をよく洗浄し、軸受部に潤滑油を塗布して組み付ける。

5-8　カムシャフトおよび動弁装置関連

5-8-1　カムシャフトおよび動弁装置の分解

① カムシャフトを取り外すために必要な下記の部品を外す。

- ・　燃料噴射ポンプ
- ・　プッシュロッド、スイングアーム、タペット
- ・　カムシャフト両端の付属品

② カムシャフト用スラスト受けを外す。

③ カムシャフトを押し出し、カムギヤを外す。

④ カムシャフトを取り出す。

5-8-2　点検、整備

カムシャフト仕組の代表的な点検計測内容と整備内容の例を表5.7に示す。

表5.7　カムシャフト仕組の点検計測内容と整備内容例

点検計測内容	整備内容
（1）カムシャフト 　①　吸排気カム、およびカム軸受部の異常摩耗、損傷の有無 　②　カムシャフト基準部の軸幅 　③キー溝、およびキーのガタ	損傷が甚だしいものや、基準以上の摩耗がある場合は、部品交換 異常があるもの、使用限度以上のものは、部品交換 損傷が甚だしいものは、部品交換
（2）カムシャフト軸受、および位置決めボルトの損傷、および摩耗の有無	損傷が甚だしいものや、基準以上の摩耗がある場合は、部品交換
（3）カムシャフト軸受部の外径、軸受の内径、すきま	異常があるもの、使用限度以上のものは、部品交換
（4）カムとタペットの接触面の偏摩耗や荒れ、カジリなどの異常の有無	損傷が甚だしいものは、部品交換
（5）タペット摺動部の損傷、摩耗、およびすきま	異常があるもの、使用限度以上のものは、部品交換
（6）プッシュロッドの曲がり、損傷、および上下端部の摩耗の有無	損傷が甚だしいものは、部品交換
（7）弁腕軸と軸受の摩耗やカジリ、すきま	損傷が甚だしいものや、基準以上の摩耗がある場合は、部品交換
（8）ギヤ 　①　各ギヤを噛み合わせたままでのバックラッシ 　②　各ギヤの摩耗の有無、歯当たり（ピッチング）の状態、き裂、腐食の状況 　③　各ギヤ軸受面の当たり、および摩耗の有無、軸および側面のすきま 　④　ボルト類の緩み 　⑤　軸受などのガタ	異常があるもの、基準以上の摩耗がある場合は部品交換 損傷が甚だしいものは、部品交換 損傷が甚だしいものや、基準以上の摩耗がある場合は、部品交換 損傷が甚だしいものは、部品交換 異常があるものは、部品交換

5-8-3　組立

① カムシャフトを挿入し、スラスト受けを取り付ける。

② ギヤの合いマークを合わせてギヤを取り付ける。

③ カムシャフトが軽く回ること、およびスラスト方向のすきまがあることを確認する。

④ プッシュロッド、スイングアーム、タペットを取り付ける。

⑤ 吸排気弁の開閉時期を調整する。

⑥ 各ギヤの合いマークを確認して間違いの無いよう組み付ける。

⑦ 組立後にギヤのバックラッシを確認する。

⑧ ギヤを交換した際は吸排気弁の開閉時期を再調整する。

⑨ 結合ボルトを締め付ける。

⑩ クランクシャフトをターニングして、ギヤおよび回転に異常が無いかを確認する。

　ここまで本章では、船舶用ディーゼルエンジンの主要部の整備における準備と方法について説明した。次の章では、関連装置の整備における準備と方法について、具体的に説明する。

第6章　関連装置の整備方法

本章では、関連装置について、その整備工事の具体的方法を説明する。な
お、関連の各種装置はエンジンによって相違するが、ここでは一般的な部品に
ついて、点検計測内容と、その整備内容について列挙する。詳細については、こ
れらを参考にしながらメーカーの整備基準に従って整備を実施すること。

6-1　ボッシュ型燃料噴射ポンプ関連

6-1-1　点検、整備

ボッシュ型燃料噴射ポンプ仕組の代表的な点検計測内容と整備内容の例を
表6.1に示す。

表6.1　ボッシュ型燃料噴射ポンプ仕組の点検計測内容と整備内容例

点検計測内容	整備内容
(1) 解放前の点検 　① プランジャ、および吐出弁の油密 　　（圧力試験の方法は、6-1-2項を参照 　　のこと。） 　② ラックと、これに接続するリンク、レ 　　バーやねじなどの摩耗、緩み、および 　　こじれ等	損傷が甚だしいものは、部品交換
(2) 解放後の点検 　① 吐出弁のシート部、およびパッキン部 　　（ガスケット）の当たり、ならびに吸 　　戻しカラーの摩耗の状態	損傷が甚だしいものは、部品交換
② プランジャのラッピング仕上げ面の当 　　たり、および損傷	損傷が甚だしいものは、部品交換
③ プランジャの斜めの切欠部付近の摩 　　耗、傷、および光沢の有無	損傷が甚だしいものは、部品交換
④ プランジャバネ、吐出弁バネの折損、	損傷および腐食のあるものは、部品交換

　傷、錆等の有無

⑤	プランジャガイド底板の当たり状態、傷、摩耗、および錆等の有無	損傷が甚だしいものは、部品交換
⑥	プランジャのつば部とピニオン（燃料加減輪）の溝とのすきま	すきまの甚だしいものは、部品交換
⑦	ピニオン（燃料加減輪）とラックの歯部の当たり、および遊び	当たりの悪いもの、遊びの甚だしいものは、部品交換
⑧	プランジャガイド、およびラックとポンプ本体とのすきま	すきまの甚だしいものは、部品交換
⑨	バレル回り止めの先端の損傷	損傷が甚だしいものは、部品交換
⑩	1シリンダ毎に1個ずつの単筒形ポンプの場合、調整ボルト頭部の摩耗、およびタペットローラとカム摺動部の損傷	損傷や摩耗が甚だしいものは、部品交換
⑪	多シリンダのもので、一体形ポンプの場合、燃料カムシャフト用の各軸受のガタ	ガタが甚だしいものは、部品交換
⑫	燃料高圧管の継手部（相手側を含む）の傷および損傷の有無	損傷が甚だしいものは、部品交換

6-1-2　ポンプの圧力試験方法

①　燃料高圧管を外し、デリベリバルブ押えに管継手を介して圧力計（最高25MPa)を取り付ける。

②　燃料噴射ポンプをプライミングして12MPaまで加圧して耐圧時間を計測する。

③　10MPaから9MPaまでの油圧降下所要時間が10秒以上であることを確認する。（図6.1参照）

■デリベリバルブの点検

デリベリバルブシートにゴミがかんだり、シートにキズが生じ油密が悪くなると燃料噴射不能になります。デリベリバルブを外して、洗浄したうえで噴射しないものはデリベリバルブを交換します。

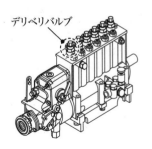

デリベリバルブ

■デリベリバルブの耐久テスト

1. 燃料高圧管を外し、デリベリバルブ押えに管継手を介して圧力計（最高25MPa（250kgf/cm²））を取り付けます。
2. 燃料噴射ポンプをプライミングして12MPa（120kgf/cm²）まで加圧して耐圧時間を測定します。

判断基準	10MPa（100kgf/cm²）から9.0MPa（90kgf/cm²）までの油圧降下所要時間が10秒以上あること。

図6.1 デリベリバルブの点検方法

6-1-3 組立時の注意点

① ポンプを復旧した場合は圧力試験を行う。

② プランジャやプランジャガイドを交換したり、開放復旧した場合は、ポンプの静的噴射開始時期を確認する。

③ デリベリ押えの締め付けは、メーカーが指示するトルクで行う。（締め過ぎにより変形してしまうことがあるので、十分に注意のこと。）

ラックの動きを確認する時は、プランジャの位置や配管取り付けにより、重くなることがあるので、プランジャをトップ位置において行うのがよい。

④ 開放したときは、ガスケット、Oリング等を交換すること。

6-2 燃料噴射弁

6-2-1 点検、整備

燃料噴射弁の代表的な点検計測内容と整備内容の例を表6.2に示す。

表6.2　燃料噴射弁の点検計測内容と整備内容例

点検計測内容	整備内容
（1）解放前の点検	
①　ノズル開弁圧、および噴霧の状態 （噴射試験の方法は、6-2-2項を参照のこと。）	開弁圧が規定圧力よりも低いものは調整、噴霧状態が悪いもの、噴口が拡大しているものは交換
（2）解放後の点検	
①　針弁先端のカーボン付着状態	カーボンの除去 （カーボンクリーナを使用すること。）
②　針弁シート部の段付き、および傷の有無	損傷が甚だしいものは、部品交換
③　バネの損傷、および倒れ、錆	損傷が甚だしいものは、部品交換
④　スピンドル（押棒）の先端当たり、弁受けの摩耗	損傷や摩耗が甚だしいものは、部品交換
⑤　高圧フィルタの目詰まり	洗浄、清掃
⑥　ノズル冷却通路の閉塞	洗浄、清掃

6-2-2　噴射圧試験

（1）噴射試験

　噴射弁先端のカーボンを落とし、軽油にて充分洗浄したうえで、図6.2に示すノズルテスターと接続してから管内空気を充分抜いた後にハンドルを作動して燃料を噴射させ噴射圧力、噴霧状態、弁座の油密状態を確認すること。（噴射の時、噴射孔付近に手や指を近づけると高圧噴射で危険のため、注意のこと。）

①　噴射圧が既定圧力よりも低下しているときはノズルスプリング調整ねじを調整して規定圧力に合わせる。

　噴射の状態はノズルテスターのハンドル操作を1秒に2～3ストローク程度の速さで作動させ、この時の噴霧を点検する。噴霧状態の良否については、ピントル形ノズルの場合は図6.3を、多孔針弁ノズル（ホール形ノズル）の場合は図6.4を参照のこと。点検の際には、噴射音、噴射圧力、噴射手応えが規則正しく、後だれがないことなどもあわせて確認すること。

②　針弁座の油密テストは、噴霧開始より2MPa低い油圧に保持し、ノズル先端から油のにじみ出す程度であれば継続使用は可能である。（ノズル

先端から油が滴下するようであれば使用不可で、新品との交換を要する。）

③　ノズルバルブの摺動試験

　燃料弁を燃料油で洗浄し、ボディーを垂直に持ち、両方の手でノズルバルブをその長さの2/3程度持ち上げて手を離した時に、ノズルバルブがその自重でスムーズに落下すれば良好である。

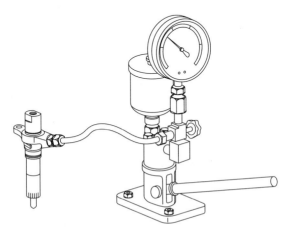

図6.2　ノズルテスター

	A	B	C	D	E
噴霧形状					
圧力計の表示	ノズル開弁圧のあたりで針が振れる。	ノズル開弁圧のあたりで針が振れる。	ノズル開弁圧の近くで針が止まる。	針が開弁圧に達するが、圧力低下が大きい。	テスタレバーを操作しても圧力が上昇しない。
噴霧形状	5°〜10°のコーン状で、おおむね均一である。	噴霧が片方に偏りすぎている。	霧化しているが、バーナーのような噴霧形状である。	棒状で、噴霧後の滴下がひどい。	滴下する。

（※噴霧形状Aが良好な噴射、その他は不良）

（※噴霧形状Aが良好な噴射、その他は不良）

図6.3　ピントル形ノズルの燃料噴霧状態の例

3)ホールタイプノズル
　　ホール形ノズルの場合、次のとおり
　　正常噴霧状態が得られないものは交換する。
○ 極端な角度差がないこと。(θ)
○ 噴射角が極端に違わないこと。(α)
○噴霧全体が微細な霧状になっていること。
○噴霧の切れが良いこと。

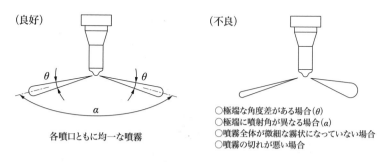

図6.4　多孔針弁ノズル(ホール形ノズル)の燃料噴霧状態の例

6-3　機械式ガバナ関連

　機械式ガバナ関連仕組の代表的な点検計測内容と整備内容の例を表6.3に示す。

表6.3　機械式ガバナ関連仕組の点検計測内容と整備内容例

点検計測内容	整備内容
(1) ガバナウエイトピンとピン穴の損傷、異常摩耗	損傷や摩耗が甚だしいものは、部品交換
(2) ガバナウエイト当て金とスピンドル推進軸受当て金などの接触面の異常摩耗	損傷や摩耗が甚だしいものは、部品交換
(3) 軸受類の異常摩耗	ガタが甚だしいものは、部品交換
(4) スピンドル(軸)とガバナスリーブ(軸受)との摺動面の異常摩耗	損傷や摩耗が甚だしいものは、部品交換
(5) バネ類の損傷、およびヘタリの有無	損傷や摩耗が甚だしいものは、部品交換
(6) レバー、リンク類のピン、ピン穴のすきま、異常摩耗	損傷や摩耗が甚だしいものは、部品交換

| （7）オイルシール、Oリングの損傷の有無 | 老化、損傷が甚だしいもの、長時間使用のものは、部品交換 |
| （8）レバー、リンク類の結合部のガタ、摺動部の円滑性 | 損傷が甚だしいものは、部品交換 |

6-4　潤滑油装置関連

6-4-1　歯車式潤滑油ポンプ

　歯車式潤滑油ポンプ仕組の代表的な点検計測内容と整備内容の例を表6.4に示す。

表6.4　歯車式潤滑油ポンプ仕組の点検計測内容と整備内容例

点検計測内容	整備内容
（1）ギヤの歯面：摩耗状況、ピッチング、キャビテーションなどの発生の有無	損傷や摩耗が甚だしいものは、部品交換
（2）ギヤの外周および側面の摩耗状況	損傷や摩耗が甚だしいものは、部品交換
（3）軸と軸受の摩耗状況、すきま　（玉軸受の時はガタを点検）	損傷や摩耗が甚だしいものは、部品交換
（4）オイルシールやOリングなどの損耗、老化、変形などの有無	老化、損傷が甚だしいもの、長時間使用のものは、部品交換
（5）吸入弁、吐出弁、安全弁などの弁、弁座、弁バネ、およびガイドの異常の有無	作動不良の場合は、部品交換
（6）ポンプ本体内面の傷、摩耗、腐食などの有無	損傷や摩耗が甚だしいものは、部品交換

6-4-2　トロコイド式潤滑油ポンプ

　トロコイド式潤滑油ポンプ仕組の代表的な点検計測内容と整備内容の例を表6.5に示す。

表6.5　トロコイド式潤滑油ポンプ仕組の点検計測内容と整備内容例

点検計測内容	整備内容
（1）アウターロータの外周、側面、歯面の有害な傷や摩耗の有無	損傷や摩耗が甚だしいものは、部品交換
（2）インナーロータの歯面、側面の有害な傷や摩耗の有無	損傷や摩耗が甚だしいものは、部品交換
（3）インナーロータ内面のキー溝、もしく	損傷や摩耗、ガタが甚だしいものは、部品交

はスプライン溝の損傷の有無	換
（4）軸と軸受部、オイルシール部などの異常摩耗や損傷の有無	損傷や摩耗、ガタが甚だしいものは、部品交換
（5）ポンプ本体のロータ摺動面における有害な傷や摩耗の有無	損傷や摩耗が甚だしいものは、部品交換
（6）オイルシール、パッキン、またはOリングの損傷の有無	老化、損傷が甚だしいもの、長時間使用のものは、部品交換

6-4-3　その他の潤滑油装置

　その他の潤滑油装置仕組の代表的な点検計測内容と整備内容の例を表6.6に示す。

表6.6　その他の潤滑油装置仕組の点検計測内容と整備内容例

点検計測内容	整備内容
（1）潤滑油冷却器	
① 水側通路の汚れ、詰まり、スケール	洗浄、清掃
② 油側通路の汚れ、詰まり、スケール	洗浄、清掃
③ 冷却水側の両カバーの腐食状況	損傷が甚だしいものは、部品交換
④ ボルト類の損傷	損傷が甚だしいものは、部品交換
⑤ 冷却用管（チューブ）の損傷	損傷が甚だしいものは、部品交換
⑥ 冷却用管（チューブ）のカシメ部の緩み	損傷が甚だしいものは、部品交換
⑦ 防食亜鉛の損耗具合	損耗が1/2以上のときは、防食亜鉛交換
⑧ パッキン類の老化、破損	老化、損傷が甚だしいもの、長時間使用のものは、部品交換
（2）潤滑油こし器	
① 切換えコックの摺動面におけるゴミ、異物の嚙み込みによる損傷	損傷が甚だしいものは、部品交換
② ケース類のき裂の有無	き裂のあるものは、部品交換
（3）油圧調整弁	
① バネのヘタリ、き裂	き裂のあるものは、部品交換
② シリンダ、およびピストンのカジリ、摩耗	損傷が甚だしいものは、部品交換
③ 継手、管（パイプ）の汚れ、漏れ、き裂、損傷の有無	洗浄、清掃 損傷が甚だしいものは、部品交換

6-5　冷却水装置関連

6-5-1　往復式冷却水ポンプ

往復式冷却水ポンプ仕組の代表的な点検計測内容と整備内容の例を表6.7に示す。

表6.7　往復式冷却水ポンプ仕組の点検計測内容と整備内容例

点検計測内容	整備内容
(1) プランジャ、もしくはピストン、ピストン棒、プランジャガイドなどの外径摺動部における有害な擦り傷や段付き摩耗などの有無	損傷や摩耗が甚だしいものは、部品交換
(2) プランジャ、もしくはプランジャガイドのピン穴、ピンとのすきま	すきまが甚だしいものは、部品交換
(3) 連接棒の大小端軸受部の焼付き、当たり不良、およびピンとのすきま	損傷やすきまが甚だしいものは、部品交換
(4) グランドパッキン、ゴムパッキン、オイルシール、Oリングなどの損耗状況、老化、変形などの有無	老化、損傷が甚だしいもの、長時間使用のものは、部品交換
(5) 水室、および空気室の腐食の有無	腐食が甚だしいものは、部品交換
(6) 吸入弁、吐出弁の弁と弁座の当たり、ガイド部などの摩耗、損傷の有無	損傷や摩耗が甚だしいものは、部品交換
(7) 吸入弁、吐出弁の弁バネの損傷、ヘタリ	損傷が甚だしいものは、部品交換
(8) 防食亜鉛の損耗具合（他の型式のポンプも同じ）	損耗が1/2以上のときは、防食亜鉛交換
(9) 安全弁の作動	作動不良の場合は、部品交換
(10) 水抜き管、コックの目詰まりや不具合の有無	洗浄、清掃　損傷が甚だしいものは、部品交換

備考
①グランドパッキンにグリスを塗り、ねじれないように切り口をずらして挿入すること。
②パッキングランドが締め過ぎにならないように注意をすること。

6-5-2　渦巻式冷却水ポンプ

渦巻式冷却水ポンプ仕組の代表的な点検計測内容と整備内容の例を表6.8に示す。

表6.8　渦巻式冷却水ポンプ仕組の点検計測内容と整備内容例

点検計測内容	整備内容
(1) ストレーナの不具合の有無 （ストレーナ付きの場合）	洗浄、清掃
(2) 羽根車の回転の円滑性	損傷が甚だしいものは、部品交換
(3) 羽根車とポンプ本体のすきま	損傷が甚だしいもの、使用限度以上のものは部品交換
(4) 羽根車取付け部の錆の有無、取付けボルトの緩み	損傷が甚だしいものは、部品交換
(5) 羽根車とポンプ本体における腐食やキャビテーションの有無	腐食や損傷が甚だしいものは、部品交換
(6) 軸、および軸受の異常摩耗やガタ	摩耗やガタが甚だしいものは、部品交換
(7) メカニカルシール、オイルシールなどの損耗状況、老化、変形などの有無	老化、損傷が甚だしいもの、長時間使用のものは、部品交換
(8) 水抜き管、コックの不具合の有無	洗浄、清掃

6-5-3　ヤブスコ式回転ポンプ

　ヤブスコ式回転ポンプ仕組の代表的な点検計測内容と整備内容の例を表6.9に示す。

表6.9　ヤブスコ式回転ポンプ仕組の点検計測内容と整備内容例

点検計測内容	整備内容
(1) ゴムインペラの損傷、異常摩耗の有無	損傷や摩耗が甚だしいものは、部品交換
(2) ポンプ本体（ポンプハウジング）の内側とゴムインペラとの摺動部の損傷、摩耗状況	損傷や摩耗が甚だしいものは、部品交換
(3) ポンプ本体の両側面のウエアプレートのゴムインペラ摺動部の損傷、段付き摩耗の状況	損傷や摩耗が甚だしいものは、部品交換
(4) 軸、および軸受の異常摩耗やガタ	損傷やガタが甚だしいものは、部品交換
(5) メカニカルシールやオイルシールなどの損耗状況	損傷が甚だしいものは、部品交換
(6) 水抜き管、コックの目詰まりや不具合の有無	洗浄、清掃 損傷が甚だしいものは、部品交換
(7) 防食亜鉛の損耗具合	損耗が1/2以上のときは、防食亜鉛交換

備考
(1) メカニカルシールの組立て時の注意事項
　① 摺動面には、傷を付けないように十分に注意をすること。
　② 摺動面には、面のなじみ不足による初期の漏れを防止するため、良質のシリコンオイルを少

量、塗布しておくとよい。

(2) ポンプの組立て時の注意事項

　① ポンプ軸部と、ゴムインペラ内径、およびインペラ外周部にグリースを塗布すること。

　② インペラ（ゴム）を本体に組み付けるときには、回転方向に対するインペラの羽根の向きに注意すること。

6-5-4　その他

(1) 清水冷却器

　冷却管内には海水によるスケール、錆が付着し、冷却効果が低下するため、分解点検を実施したうえで、洗剤を使用して清掃すること。なお、管外にも清水によるスケール、錆が付着するので、清水にはメーカー指定の防錆剤を入れることが必要である。

(2) サーモスタット

　サーモスタットは冷却水（清水）の温度を一定に保ち、エンジンの過冷却を防止している。基本的な働きとして、水温が設定温度（例えば65℃）以下の場合は、バルブが閉じ、清水はシリンダ本体の中で循環するが、水温が上昇すると徐々にバルブは開き、75～80℃では全開して、清水冷却器を通して海

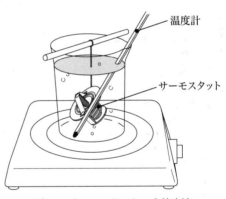

図6.5　サーモスタットの点検方法

水によって冷却される、というものである。このような働きをするサーモスタットの点検は、図6.5に示すとおり、水を入れた容器にサーモスタットを入れ、温度計を差し込んで加熱したときに、開弁温度でバルブが開き始め、全開温度で全開するのを確認すること。温度と動作にズレが生じている場合は交換すること。

6-6　始動装置関連

6-6-1　圧縮空気直入れ方式

　圧縮空気直入れ方式の代表的な点検計測内容と整備内容の例を表6.10に示す。

表6.10　圧縮空気直入れ方式の点検計測内容と整備内容例

点検計測内容	整備内容
（1）始動弁 　①　弁および弁座部の当たり、損傷の有無 　②　弁バネの傷、ヘタリの有無 　③　弁軸頭部のカーボン付着状況 　④　パッキン、Oリングの損傷状況	損傷が甚だしいものは、部品交換 損傷が甚だしいものは、部品交換 洗浄、清掃 老化、損傷が甚だしいもの、長時間使用のものは、部品交換
（2）分配弁 　①　弁本体および摺動部の損傷、摩耗の有無 　②　軸受（ベアリング）の摩耗、焼付き、損傷状況	損傷が甚だしいものは、部品交換 損傷が甚だしいものは、部品交換
（3）空気槽（エアタンク） 　①　本体内のドレン、錆、腐食の状況 　②　各弁、弁座部の当たり、損傷の状況 　③　ドレン抜き管の目詰まりの有無 　④　圧力計の指針の異常の有無	損傷が甚だしいものは、部品交換 損傷が甚だしいものは、部品交換 洗浄、清掃 異常発生時は、部品交換
（4）充気弁 　①　弁および弁座部の当たり、損傷の有無 　②　弁および弁座部のカーボン付着状況 　③　冷却水ジャケット内部のスケール付着状況	損傷が甚だしいものは、部品交換 洗浄、清掃 洗浄、清掃

6-6-2 電気始動方式

電気始動方式の代表的な点検計測内容と整備内容の例を表6.11に示す。

表6.11 電気始動方式の点検計測内容と整備内容例

点検計測内容	整備内容
(1) セルスターター	
① ブラシの欠損、摩耗、作動状況	損傷が甚だしいものは、部品交換
② ピニオン（歯車）の摩耗、損傷状況	損傷が甚だしいものは、部品交換
③ シフトリング、およびシフトレバーのローラの摩耗損傷状況	損傷が甚だしいものは、部品交換
(2) オルタネータ（充電用発電機）	
① ブラシ接触面の荒れ状況	損傷が甚だしいものは、部品交換
② ロータコイルの抵抗測定とアーステスト	不良時は、部品交換
③ スターターコイルの通電テストとアーテスト	不良時は、部品交換
④ トランジスタレギュレータの調整電圧	不良時は、部品交換
(3) バッテリ（蓄電池）	
① ケースのき裂、破損などの外観検査	き裂、破損のあるものは、部品交換
② 保持具、端子の錆、腐食、破損の有無	損傷が甚だしいものは、部品交換
③ 注液口の栓のき裂、通気口の詰まりの有無	洗浄、清掃
注）外部洗浄を実施する場合は、水、または温かい湯を流しながら、ブラシで洗浄し、その後に水分を完全に除去し、電線を接続した後にグリースを薄く塗っておくこと。	

6-6-3 バッテリ

バッテリの代表的な点検内容の例を図6.6に示す。

■バッテリ点検

点検時期	250時間(または1カ月)毎

気温の高い夏季には、バッテリ液が減りやすいので、点検時期を早めてください。

■バッテリ液量

バッテリの電解液は充電により減少しますので、バッテリ液量は定期的に点検します。バッテリ液が下限レベル付近になっている場合は、市販の蒸留水を上限レベルまで補給してください。

■バッテリ液比重

始動時にスタータの回転が上がらない、バッテリの電圧が低い場合などにはバッテリ液の比重を計ります。

バッテリ液の標準比重	1.28(20℃時)

もし比重を計って、比重が1.22未満の場合には補充電します。比重が上がらない場合は、バッテリを交換します。

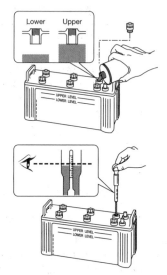

図6.6 バッテリの代表的な点検内容の例

6-7 排気ガスタービン過給機

　過給機は精密に作られているため、分解、組立などの作業は取扱説明書を熟読し、最新の注意を払って作業を進めること。また、分解時は指定された適正な工具を使用し、構成部品の紛失や破損のないよう、慎重に行うこと。

　各回転部分の整備、修理を実施した場合は、つりあい試験による確認を実施のこと。

6-8　減速逆転機

6-8-1　油圧式減速逆転機

　油圧式減速逆転機の代表的な点検計測内容と整備内容の例を表6.12に示す。

表6.12　油圧式減速逆転機の点検計測内容と整備内容例

点検計測内容	整備内容
（1）機関側との継手（ゴム継手など）の損傷、接着状況、摩耗状況	損傷や摩耗が甚だしいものは、部品交換
（2）各軸と軸受の当たり傷の有無、およびすきま	損傷が甚だしいもの、基準以上のすきまがある場合は、部品交換
（3）各軸とギヤの嵌合状況、ギヤのボス部などの異常の有無 （キー溝、キーとの嵌まり具合）	損傷が甚だしいものは、部品交換
（4）各ギヤの当たり、ピッチングや傷、摩耗の状況	損傷や摩耗が甚だしいものは、部品交換
（5）各ギヤのバックラッシ	基準以上のものは、部品交換
（6）推進軸と軸受の当たり傷の有無、すきま、ガタ	損傷やすきまが甚だしいものは、部品交換
（7）油圧クラッチ部については、下記を点検	
①　摩擦板の摩耗、および表面の焼損傷の有無	損傷や摩耗が甚だしいものは、部品交換
②　摩擦板のスプラインのバックラッシ摩耗、欠損	損傷や摩耗が甚だしいものは、部品交換
③　摩擦板の当たりの状況	損傷が甚だしいものは、部品交換
④　バネ類の損傷、ヘタリの有無	損傷が甚だしいものは、部品交換
（8）摺動部の傷、摩耗の状況	損傷や摩耗が甚だしいものは、部品交換
（9）クラッチ油圧用および潤滑油用油圧調整弁の作動状況（バネ、弁座の損傷）	損傷が甚だしいものは、部品交換
（10）油圧作動筒、摺動部の傷の有無	損傷が甚だしいものは、部品交換
（11）Oリングおよびパッキン類の損傷	老化、損傷が甚だしいもの、長時間使用のものは、部品交換
（12）逆転機ケースの壁、リブ部の異常の有無（カラーチェック）、植込みボルトの緩み、軸受部リブのき裂の有無	き裂があるものは、部品交換
（13）油圧ポンプおよび油穴：潤滑油ポンプの項と同じ（6-4-1項、6-4-2項）	洗浄、清掃
（14）作動油圧系、潤滑油系の管、管継手の異常、油漏れの有無	損傷が甚だしいものは、部品交換

6-8-2 機械式減速逆転機

機械式減速逆転機の代表的な点検計測内容と整備内容の例を表6.13に示す。

表6.13 機械式減速逆転機の点検計測内容と整備内容例

点検計測内容	整備内容
（1）球軸受の損傷、摩耗および内外径嵌合部の摩耗の状況	損傷や摩耗が甚だしいものは、部品交換
（2）クラッチ軸と移動環の摺動部における異常な引っ掻き傷、むしれの有無	損傷が甚だしいものは、部品交換
（3）摩擦ライニングの当たり、および取付け状況	損傷が甚だしいものは、部品交換
（4）嵌脱用リンク周りの締付け部の緩み、各ピンとブッシュの摩耗状況	損傷や摩耗が甚だしいものは、部品交換
（5）推進軸受と軸の当たり、およびすきま	損傷やすきまが甚だしいものは、部品交換

　ここまで本章では、船舶用ディーゼルエンジンの関連装置の整備における準備と方法について説明した。次の章では、整備するうえで把握しておくべき、主要部品の使用限度と調整方法について説明する。

第7章　主要部品の使用限度と調整

　船舶用ディーゼルエンジンを整備する際に、各部品の継続使用の可否を判断する必要があるが、その際、各部品の使用限度と調整方法を把握しておく必要がある。そこで本章では、主要部品の使用限度と調整方法について説明する。

7-1　主要部品の使用限度

　エンジンは、その機械構造物としての特徴から、その使用時間が長くなると、必ず各部の摩耗が生じ、性能が低下してしまう。そして、その摩耗量が一定の限度を超えると、エンジンの故障につながり、さらに海難事故を起こしてしまう危険性が増す。そこでエンジンメーカーでは、それぞれのエンジン個々について、各主要部品の使用限度や使用許容時間を、取扱説明書などに明示している。

　一方で、整備工場は、それらの取扱説明書などに基づき点検、計測を行って整備をするが、たとえ分解整備し計測した結果が使用限度に達しなくても、過去の摩耗量の推移などから判断して、次回の点検整備の時期まで使用限度に達すると予測されるものについては、早めに整備し、新部品と交換するべき、といった判断をし、さらに交換の実施が必要となる。

　参考までに、シリンダ径170mmのエンジンの構成部品の使用限度の例を表7.1に示す。もちろんエンジンによって材質、構造も相違することから、これらの寸法や基準値などは、一律には規定できないが、これらの数値を参考にするとよい。なお、最終的な判断はメーカーの技術資料に従って実施すること。

表7.1　シリンダ径170mmのエンジンの構成部品の使用限度の例（その1/3）

単位：mm

名称	基準寸法		組み立て時標準すきま	最大許容すきま	部品使用限度	略図
	呼称寸法	寸法公差				
シリンダ上部（上）内径	198	+0.046 / 0	A=0.025～0.101			
シリンダライナ上部外径		−0.025 / −0.055				
シリンダ上部（下）内径	194	+0.046 / 0	B=0.015～0.101			
シリンダライナ下部外径		−0.015 / −0.055				
シリンダライナ突き出し量			h=0.05～0.11	h=0.11		
トップクリアランス	1.955	±0.155	C=1.80～2.11	2.11		
シリンダライナ内径	φ170	+0.025 / −0.005			+0.5 偏摩耗量0.25	
ピストン頂部外径	φ166.308	±0.015	D=3.672～3.732			
ピストンスカート部外径	φ169.938	±0.015	E=0.042～0.102	E=0.21	0.27	
ピストンリング厚さ	No.1=5.35 No.2=5.35	±0.15			No.1 F=5.2 No.2 F=5.2	
オイルリング厚さ	3.2	±0.15			F=3.05	
ピストンリング幅	No.1=3.0 No.2=3.0	−0.02 / −0.035			No.1=−0.21 No.2=−0.21	
ピストンリング溝幅	No.1=3.0	+0.12 / +0.10	G=0.120～0.155	G=0.3	+0.27	
	No.2=3.0	+0.09 / +0.07	G=0.090～0.125		+0.27	
オイルリング幅	4	−0.01 / −0.03	H=0.03～0.07	H=0.24	−0.13	
オイルリング溝幅		+0.040 / +0.020			+0.22	
ピストンピンメタル内径		+0.092 / +0.065	J=0.065～0.105	J=0.25	+0.18	
ピストンピン外径	φ70	0 / −0.013				
ピストンピン穴内径		+0.040 / +0.025	K=0.025～0.053	K=0.1	+0.09	
ピストンピン外径		0 / −0.013			−0.09	

左側区分：シリンダ・シリンダライナ ／ ピストン・ピストンピン・リング

表7.1 シリンダ径170mmのエンジンの構成部品の使用限度の例（その2/3）

名称		基準寸法		組み立て時 標準すきま	最大許容すきま	部品使用限度	略図
		呼称寸法	寸法公差				
クランクシャフト	クランクピンメタル内径	φ130	+0.165 +0.1	L=0.10 ～0.19	L=0.22	+0.18	
	クランクピン外径		0 -0.025			偏摩耗量0.1	
	クランクピン長さ	68	+0.15 +0.05	g=0.35 ～0.55	g=0.7		
	コネクティングロッド 大端部幅		-0.30 -0.40				
	主軸受内径	φ150	+0.139 +0.074	M=0.074 ～0.164	M=0.2	+0.18	
	主軸外径		0 -0.025			偏摩耗量0.1	
	基準部主軸受幅	60	-0.02 -0.04				
	スラスト軸受幅	4	-0.085 -0.135	N=0.19 ～0.34	N=0.42		
	基準部主軸幅	68	+0.030 0				
	デフレクション			調整値 P=0.～0.023 （冷態時）	最大許容値 P=0.033 （冷態時）		
動弁装置	弁頭すきま（吸気／排気）			T=0.3（吸気） T=0.6（排気）	T=0.3（吸気） T=0.6（排気）		
	吸気弁外径	φ12	-0.050 -0.070	V=0.060 ～0.096	V=0.23	-0.20	
	吸気バルブガイド内径		+0.026 +0.010			+0.16	
	排気弁外径	φ12	-0.060 -0.080	V=0.070 ～0.106	V=0.23	-0.20	
	排気バルブガイド内径		+0.026 +0.010			+0.16	
	弁押え棒部外径	φ14	+0.046 +0.028	V=0.014 ～0.052	U=0.2	-0.07	
	弁押え案内内径		+0.080 +0.060			+0.18	
	吸・排気弁厚さ	Q=2.9（吸） 2.0（排）				Q=2.5（吸） 1.6（排）	
	吸・排気弁のシート幅	R=5.4（吸） 5.7（排）				R=6.0（吸） 6.1（排）	
	バルブシートの当たり部径	S=55（吸） 56（排）	±0.1			S=55.5（吸） 56.5（排）	
	弁腕軸外径	φ36	-0.009 -0.034	W=0.029 ～0.119	W=0.2	-0.12	
	弁腕ブッシュ内径		+0.085 +0.020			+0.18	

表7.1　シリンダ径170mmのエンジンの構成部品の使用限度の例（その3/3）

名称		基準寸法		組み立て時標準すきま	最大許容すきま	部品使用限度	略図
		呼称寸法	寸法公差				
カムシャフト	カム軸基準部外径	φ104	−0.072 −0.107	Y=0.072 ～0.202	Y=0.27	−0.20	
	カム軸基準部軸受内径		+0.095 0			+028	
	カム軸基準部スラストすきま			X=0.15 ～0.23	X=0.38		
	カム軸中間部外径	φ104	−0.072 −0.107	Z=0.072 ～0.202	Z=0.27	−0.20	
	カム軸中間部軸受内径		+0.095 0			+0.28	
潤滑油ポンプ	潤滑油ポンプ軸外径	φ30	−0.040 −0.053	a=0.040 ～0.074	a=0.15		
	潤滑油ポンプ軸ブッシュ内径		+0.021 0				
	ケースとギヤ外周すきま			b=0.20 ～0.074	b=0.50		
	ポンプケース幅	φ84	+0.054 0	c=0.072 ～0.161	c=0.20		
	ポンプギヤ幅		−0.072 −0.107				
冷却水ポンプ	ケースとインペラとのすきま			g=0.5 ～1.5	g=1.8		
伝動ギヤ	ギヤバックラッシ	タイミングギヤ M=4.5		f=0.15 ～0.25	f=0.4		
	カム軸アイドルギヤ軸径	φ100	−0.036 −0.071	0.036～0.106	0.2	−0.17	
	同上ブッシュ内径		+0.035 0			+0.14	
	反フライホイール側アイドルギヤ軸外径	φ80	−0.030 −0.060	0.030～0.090			
	同上ブッシュ内径		+0.030 0				
その他	回転計センサ（電磁ピックアップ）とリングギヤのすきま	—	—	0.5～0.8	0.8	—	

7-2　再組立後の調整

（1）吸排気弁すきまの調整（図7.1参照）

①　フライホイールを回転方向にターニングして、すきまを調整するシリンダを圧縮行程の上死点にあわせる。

②　ロッカーアームの調整ねじ、同ナットおよびバルブブリッジ側の調整ねじ、同ナットを緩める。

③　ロッカーアームを軽く押さえながら弁頭部の調整ねじを回し、調整ねじと弁頭部とのすきまがなくなるまで締め込む。

④　弁頭部すきまが０mmになった時、バルブブリッジ側の調整ねじをロックする。

⑤　ロッカーアームとバルブブリッジのすきまを、すきまゲージを用いて規定通りに合わせて弁腕側の調整ねじをロックする。

（2）燃料噴射圧力の調整

　　燃料噴射弁をノズルテスタで調整するが、その方法は前述の"6-2-2項噴射圧試験"を参照されたい。

（3）燃料噴射時期の調整（図7.2参照）

①　燃料噴射ポンプのNo.6シリンダの燃料噴射管を外す。

②　フライホイールにターニングバーを差し込んでNo.6シリンダ圧縮上死点前約35°にしておき、そこからフライホイールをゆっくりと回す。

③　燃料噴射ポンプのNo.6シリンダの噴射管取付部（デリベリバルブホルダ）から燃料があふれ出る瞬間が、噴射はじめとなる。

④　フライホイールハウジングの角度銘板で、規定噴射時期になっているかを確認する。

■吸排気弁頭すきまの調整要領

①機関が冷態時に着火順序に従って調整する。

着火順序(フライホイール側の気筒をNo.1とする。)
1－4－2－6－3－5－1

②フライホイールを回転方向にターニングして、すきまを調整する気筒を圧縮行程の上死点(T.D.C.)にする。
- ●角度銘板とフライホイールのTOPマークを合わせる。
- ●オーバーラップ行程の上死点(T.D.C.)と間違えないこと。

③弁腕の調整ねじ、同ナットおよびブリッジ側の調整ねじ、同ナットを緩める。

④弁腕を軽く押さえながら弁頭部(ブリッジ側)の調整ネジを回し、調整ねじ先端と弁頭部とのすきまがなくなるまで締め込む。

⑤弁頭部のすきまが0mmになったとき、ブリッジ側の調整ねじをロックする。

⑥弁腕とブリッジのすきま(A)を規定通りに合わせて、弁腕側の調整ねじをロックする。

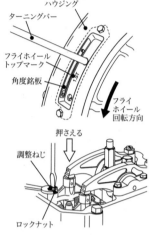

弁頭すきま		基準寸法
弁頭すきま	吸気	0.30mm
	排気	0.50mm

⑦タイミングギヤ等を分解した場合は、必ず吸排気ともにバルブタイミングを確認すること。(弁の開き、閉じは、フライホイールをターニングしながら、弁押棒(プッシュロッド)の動きによって、フライホイールの目盛を読む。)

バルブタイミング	
吸気弁開 b・T.D.C.	50°±2°
吸気弁閉 a・B.D.C.	40°±2°
排気弁開 b・B.D.C.	76°±2°
排気弁閉 a・T.D.C.	60°±2°

■バルブローータとバルブブリッジのすきま計測

弁頭すきま調整を実施する際には、右図のバルブローータとバルブブリッジのすきま(B・B')の点検計測を行い、0.5mm以下の場合は、バルブブリッジを研削して0.5mm以上を確保すること。
当金Cの装着を確認のうえ、クリアランスを確保する。

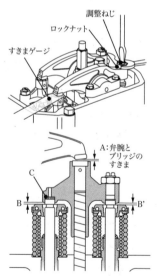

図7.1　吸排気弁すきまの調整方法の例

■燃料噴射時期の点検

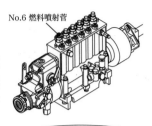

No.6 燃料噴射菅

- ●噴射開始時期と刻印位置
  噴射開始時期はボンネット上に貼られている。
  注意銘板通り点検、調整する。
- ●燃料噴射ポンプからNo.6シリンダの燃料噴射管を外す。
  No.6シリンダ圧縮上死点位置の確認は、フライホイールにターニングバーを差し込み、No.6シリンダ圧縮上死点前約35°にしておき（逆回転に回すと、海水ポンプのゴムインペラを損傷するおそれがある）、そこからフライホイールを軽く手回しする。

フライホイールハウジングのターニング窓に貼り付けている角度銘版

【作業上の注意】
- ●フライホイールには、No.1、6の圧縮上死点位置を1.6Tと刻印しているので、No.1シリンダの圧縮上死点と間違えないよう必ず点検する。
- ●No.6圧縮上死点位置では、吸・排気バルブのロッカーアームを上下に動かしてプッシュロッドが吸・排気とも突き上げていないか確認のこと。

①燃料ポンプのNo.6シリンダの噴射管取り付け部（デリベリホルダ）より燃料が溢れ出始める時が噴射はじめとなる。フライホイール外周の1.6Tの刻印と角度銘板とによって規定噴射時期になっているかを確認する。

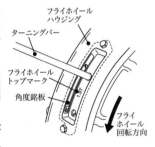

フライホイールハウジング
ターニングバー
フライホイールトップマーク
角度銘板
フライホイール回転方向

燃料噴射時期の点検調整

燃料噴射時期 (FID)	6AY(S)(P)-GT	6AY-ET
度bTDC	21±0.5	19±0.5

■噴射開始時期の調整

①フライホイールのNo.6シリンダの噴射開始タイミング位置をフライホイールハウジング角度銘板にて合わせる。
②燃料噴射ポンプの合カップリング取付ボルトAをバネ座金が効いている程度に緩める。
③スパナを右図のボルトBにかけ、ポンプ軸を回しデリベリホルダより燃料油があふれ出るところで止め、カップリング取付けボルトA1本を規定トルク（98^{+10}_{0}N・m）で締付け、ターニングし、反対側のボルトを締付ける。
④調整が終わったら「点検」の要領で再度噴射時期を確認する。

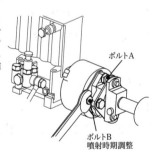

ボルトA

ボルトB
噴射時期調整

図7.2　燃料噴射時期の調整方法の例

7-3　芯出し調整法

　2つの回転軸を連結する時は、必ず芯の調整を実施すること。（図7.3参照）

　具体的には、片側の基準軸にダイヤルゲージを固定して、他の軸継手の外周の芯ずれを計測したうえで、フランジ間のすきまにより面振れを計測すること。

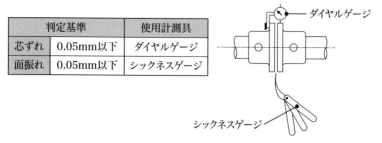

判定基準		使用計測具
芯ずれ	0.05mm以下	ダイヤルゲージ
面振れ	0.05mm以下	シックネスゲージ

図7.3　軸芯の調整方法

7-4　クランクアームの開閉量（デフレクション）

　クランクシャフトの軸芯が完全な直線にならずに、デフレクションが大きくなってしまうと、クランクシャフトが折損する可能性が高くなるため、必ずクランクシャフトのデフレクションを計測して、軸芯を調整すること。

　この際に、クランクシャフトと逆転機側との連結継手間の芯出しと、デフレクションの調整を同時に行うこと。

　なお、船舶機関規則では許容限度値を

$$\triangle a \leqq 2S ／ 10000mm$$

　　ここで、S：ストローク（mm）

と定めており、基本的には、この許容限度値以下になるよう調整すること。ただし、土台の剛性や機器の結合部分の締結などの経時変化も考慮したうえで、調整時には、△a≦1S／10000mmとすることが望ましい。

　また、「船舶安全法関係省令の解説（後編）」には、図7.4に示すような調整基準値[1]が示されており、この基準も参照すること。

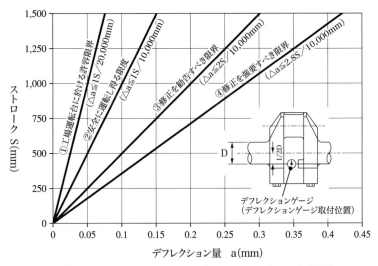

図7.4　クランクアームの開閉量（デフレクション）の調整基準値

　ところで、進水後に船体が水面に浮かんでいる状態での芯出しを浮芯、進水前の陸上での芯出しを陸芯[2]というのだが、このデフレクションについては、船体や機関台の剛性によっては、浮芯時と陸芯時とで異なる値を示すことがある。

　その理由は、図7.5に示すように、陸上での船体の支持と水上での浮力を基本とした船体の支持とでは船体あるいは機関台の変形の様子が異なることによる。

　船舶が活躍するのは水上であることから、原則として浮芯の状態で芯出しおよびデフレクションのチェックを行うべきであるが、設備の都合などの理由でやむを得ず陸芯の状態で芯出しをすることもある。そのような場合でも、デフ

レクションのチェックは浮芯、陸芯の両方で実施し、浮芯の状態で図7.4 に示す基準値にもとづき調整すること。

　このように両方の状態でデフレクションをチェックすることにより、舶用エンジンをより安全に稼働できるのと同時に船体や機関台の剛性も確認でき、さらにこれらの損傷防止にもつながることに留意いただきたい。

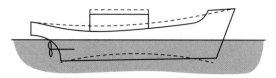

図7.5　進水後における船体の変形イメージ例[2]
（実線が進水前（陸上）、破線が進水後（海上、湖上など））

　ここまで本章では、主要部品の使用限度と調整方法について説明した。次の章では、始業点検も含めた船舶用ディーゼルエンジンの運転手順について説明する。

参考文献：

（1）　船舶安全法関係省令の解説（後編）、（1979/08）、p.129、日本船舶品質管理協会
（2）　日本財団図書館　ホームページ：https://nippon.zaidan.info/seikabutsu/2002/00197/contents/035.htm（参照日：2024/01/30）

第8章　船舶用ディーゼルエンジンの運転手順

前述の第4章～第7章で説明した整備、調整を経てから実際にエンジンを運転させて漁業などの各種業務に移ることになる。そこで本章では、エンジンの運転手順や注意事項などについて説明する。

8-1　運転準備

エンジン据付後の初起動時、エンジンの定期点検・開放整備後、長期間休止後の再運転時には、次の項を確認してから運転すること。
- 部品・工具など置き忘れていないか、確認すること。
- 各部の締め付け忘れがないか、確認すること。
- クランクシャフトデフレクションを確認すること。
- 以下の通り、始動装置を確認すること。
  電気始動：始動用バッテリの電圧が十分か確認。
  空気始動：空気槽の圧力を確認しドレンを排出したうえで、オイラに給油のこと。

8-2　燃料油の点検、給油

- 燃料タンク内の燃料残油量を点検し、要すれば燃料油を補給すること。
- 運転中に燃料油切れを起こさないように十分な燃料油を補給すること。
- 燃料タンクの燃料コック（バルブ）を開けること。
- 燃料フィルタの交換など燃料装置の部品を外した場合は、燃料系統の空気抜きをすること。

8-3　潤滑油の点検、給油

　減速逆転機なども含めたエンジンセットにおいては、装備された各機器それ
ぞれが個別に潤滑油を保持している場合がある。本節では、そのなかでも主な
３つの機器における潤滑油の点検、給油について説明する。

8-3-1　エンジン潤滑油の点検、給油

　エンジン始動後は潤滑油レベルが変動し規定油量の把握が困難になることか
ら、エンジンの始動前にエンジン潤滑油を点検・補給すること。点検は、エン
ジン側の検油棒を用い、油面が上限と下限目盛りの間にあるかを確認するこ
と。不足していれば検油棒の上限目盛りまで補給すること。（図8.1参照）

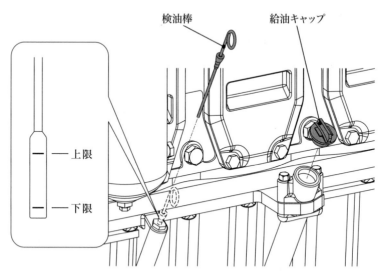

図8.1　エンジン潤滑油の点検、給油方法

8-3-2 油圧機械式ガバナ潤滑油の点検、給油

　油圧機械式ガバナを搭載したエンジンにおいては、前述同様に、エンジン始動後は潤滑油レベルが変動して規定油量の把握が困難になることから、エンジンの始動前に油圧ガバナ潤滑油を点検・補給すること。油面が油面計の中心より少し上の位置にあるかを確認し、不足していれば補給すること。（図8.2参照）

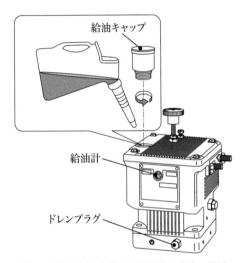

　　　　　給油キャップ

　　給油計

　ドレンプラグ

図8.2　油圧機械式ガバナ潤滑油の点検、給油

8-3-3 減速逆転機潤滑油の点検、給油

　前述同様に、エンジン始動後は潤滑油レベルが変動して規定油量の把握が困難になることから、エンジンの始動前に減速逆転機潤滑油を点検・補給すること。点検は、減速逆転機側の検油棒を用い、油面が上限と下限目盛りの間にあるかを確認すること。不足していれば上限目盛りまで補給すること。（図8.3参照）

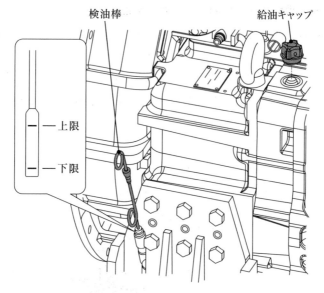

図8.3　減速逆転機潤滑油の点検、給油

8-4　清水の点検、給水

　清水量の点検・補給は運転前のエンジンが冷えた状態で行うこと。まず、清水冷却器の水位を点検し、水位が上限から下限目盛りの間にあるかを確認すること。不足していればフィラーキャップを外し、水位が水面計の上限になるまで給水すること。

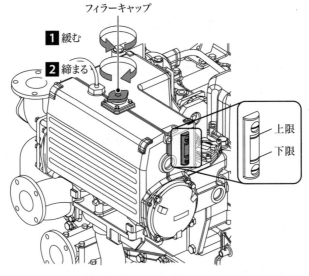

図8.4 清水の点検、給水

8-5 始動装置の点検

- 各電気配線の端子が十分締め付けられているかを確認すること。
- バッテリの充電状態を確認し、放電していれば充電すること。
- スタータースイッチをONにしてチャージランプが点灯する（正常配線である）のを確認すること。

8-6 計器装置および警報装置の点検

　故障現象の発生時に計器装置や警報装置が正常に作動していなければ事故の予防ができなくなることから、始動前と始動後には、必ず計器装置と警報装置が正常に作動するのを確認すること。

8-7　エンジン始動

　初起動時やエンジン開放整備後および長期間休止後の再運転時には、遠隔始動の場合でも異常がすぐに確認できるよう、エンジン側で始動すること。

8-8　ならし運転

　初起動時、およびエンジン開放整備後には必ずならし運転を行うこと。なお、日常の始動でならし運転を行う必要は特に無いが、普段から急激な負荷変動を伴う運転は避けること。

　一例として、定格運転時の回転速度1450min^{-1} のエンジンの場合、約600min^{-1}から定格回転速度まで100 min^{-1} 毎に約10 分間ずつ無負荷でならし運転を行う。さらに、その無負荷運転後に25％、50％、75％、100％の順に負荷運転を行う。ただし、ねじり振動との共振を回避するべき回転速度域はすみやかに回避して運転すること。

8-9　暖機運転

始動直後の5～10分間はアイドル回転速度での暖機運転を行うこと。
その際
- ・　各計器圧力計指示が規定値になっているかを確認すること。
- ・　エンジンや過給機などの異常発熱・ガス漏れなどを確認すること。
- ・　清水冷却器の清水水位を確認すること。もし水位が下がっていれば、エンジンを停止して補給すること。
- ・　ねじり振動の常用回避回転速度域は、すみやかに回避して運転すること。
- ・　フィラーキャップを締付不足のまま運転すると冷却水圧力が基準値ま

で上昇しないので、給水後はフィラーキャップをしっかり締め付けること。

なお、冷却水温度が上がれば冷却水自体も膨張するので、フィラーキャップのオーバーフロー管より水が出ることがあるのだが、温度上昇（安定）後に出水が止まれば異常ではないので注意のこと。

・　下記に示す各部漏れ、ゆるみが無い事を確認すること。

- 潤滑装置からの潤滑油漏れ
- 燃料装置からの燃料漏れ
- 冷却装置からの水漏れ（海水、清水とも）
- 排気管からのガス漏れ
- 部品の破損や欠け
- ボルトのゆるみ・欠落
- 配線端子のゆるみ・欠落

8-10　負荷運転および前進、中立、後進の切換操作

・　負荷は徐々に上げたり下げたりすること。

・　エンジン振動およびギヤ音の発生する回転域が新造船時に比べて下がってきた場合は、クランク軸端に装備のビスカスダンパーを新品に交換すること。

・　ねじり振動回避回転速度域は、すみやかに回避して運転すること。

・　クラッチハンドルで中立・前進および後進を切り換える。

　　なお、クラッチの前進・後進切換は、必ずエンジンの速度を最低速にしてから操作すること。

・　ハンドルは、一旦、N（中立）の位置に戻してから、静かに切り換えること。急激な切換操作は絶対に行わないこと。

・　AHEAD（前進）・N（中立）・ASTERN（後進）のそれぞれの位置でクラッチハンドルを確実に止めること。（図8.5参照）

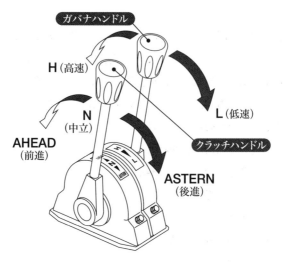

図8.5　船舶用操作ハンドルの例

注記

　高速運転中のクラッチ切換操作やクラッチハンドルの正しくない位置（半クラッチ）での使用によって、クラッチの内部部品の摩耗や破損からの故障を引き起こすおそれがある。

8-11　各部確認

- ・　潤滑油冷却器出口の潤滑油温度を確認すること。
- ・　冷却水温度を記録すること。
- ・　運転中、清水冷却器フィラーキャップのオーバーフロー管より水が出続けて止まらないときは、冷却器内の海水が清水側に侵入していないか調べること。
- ・　冷却水に不凍液を添加している場合は、運転中に冷却水温度が異常上昇する場合があるので、もし、異常上昇した場合には負荷（エンジン回転

速度）を下げて運転すること。

- 負荷運転中に排気温度を確認すること。
- 排気温度が限界値に達している場合は、負荷（エンジン回転速度）を下げて使用し、すみやかに原因調査とエンジンの整備を行うこと。
- 各計器圧力指示を記録すること。
- 潤滑油圧力はフィルタの掃除後に調整すること。
- チャージランプを確認すること。
  エンジン運転中はチャージランプが消灯するが、消灯していないときは以下の原因によりバッテリを充電していない可能性があるので点検を行うこと。
- 配線のゆるみ
- オルタネータの故障
- オルタネータ用Vベルトの破損等

　ここまで本章では、エンジンの運転手順や注意事項などについて説明した。しかしながら、エンジンも人が製作し、整備、調整、点検、運転をする機械構造物であることから、多少なりとも不具合や故障は避けられないものである。そこで次の章では、初期故障とその対応について説明する。

第9章　初期故障とその対応

　多くの部品から構成されているディーゼルエンジンという機械構造物の特性上、前述に沿って、どれだけ丁寧に点検、整備をしても、故障が生じてしまうことがある。しかし、早期に異常を発見したり、初期症状として現れる小さな故障に対して適切に対応することにより、復旧不可能な故障や人命、財産を脅かすような重大な事故への進展を防ぐことができる。さらには、この初期故障への対応がディーゼルエンジンを永く愛用いただけるコツともなる。そこで、本章では初期故障とその対応方法について説明する。

　異常や故障に早い段階で気付くには、普段からディーゼルエンジンの様子を見聞きし、感じておくことが重要である。中でも、各部の圧力や温度など、計器に示される計測可能な値を時系列的に記録に残しておくことや、エンジンの始動時や運転時、停止時の音やエンジンの加速時、減速時のパフォーマンスについて、その調子（具合）をメモしておくことはとても大事である。また、異常や故障に気付いたときには、躊躇なくエンジンを停止させること、さらには停止したエンジンの各部を再点検することも重要である。
（ただし、エンジン各部の再点検は、必ずエンジンが冷態に戻ってから実施のこと。）

　ところで、上記のような昔ながらのアプローチに対して、"この電子時代（スマホ時代）にもっとスマートな手法はないのか"と思うかもしれないが、逆に、進化した時代であればあるほど、電子機器に頼りきりになるようなことはせずに、基幹となる構造をしっかり理解したうえで、五感でディーゼルエンジンの様子を把握するなど、基礎を確実に実行したうえで対応すること。

　そのディーゼルエンジンの様子を見聞きし、感じるにあたって、具体的に

は、

① 計器の目盛の読みを規則正しく日誌に記録しておくこと。（毎運転時、あるいは毎週初め、といった具合に記録の間隔を決めておくのがよい。）

　その計器に示された値が取扱説明書に記載された値や試運転時に記録した値などと比べて著しく異なっている場合は点検、整備を行うこと。

② 運転中に生じるエンジンの異音、異常な動き、振動の大きさに注意すること。異音、異常を感じたときは直ちにエンジンを停止させること。

　ただし、エンジン停止直後は各部が熱くなっていたり、各部圧力が抜け切れていない状態になっていたりすることから、すぐの点検、整備は火傷などの怪我を負う危険が非常に高い状態になっている。そのようなことから、点検、整備は必ずエンジンが冷態（エンジンが常温の状態）に戻ってから実施のこと。

③ 外観から確認できる部位の故障、煙突からの黒煙や青白煙の発生状況、潤滑油や燃料油、冷却水（清水、海水）の漏れについても、規則正しく点検しておくこと。その際、機関室やエンジン本体を清潔にしておくと、漏れ等の異常の発見も容易となる。

　これらを実践することにより、復旧不可能な大事故に至る前に、現場で早期異常や初期故障に対応することができる。また、これらの実践により、その異常や故障が現場のみで対応できる事象なのか、専門の整備技術者に依頼するべき事象なのか、についても判断できる情報が揃うことから、この時点で今後の整備の方向性を決めることもできる。

　ここで以下の表9.1～表9.7に、まず現場でできる早期異常や初期故障への対応例を記述したので、こちらも参考にされたい。

表9.1　始動時にクランクシャフトが回転しない場合の対応例（電気始動方式の場合）

現　　象	原　　因	対　　応
（1）スタートスイッチを入れてもピニオンが出てこない。	①バッテリの容量不足 ②断線、端子の接触不良 ③スイッチの作動不良 ④ピニオンのスプライン部のカジリ	①充電または交換 ②修正または交換 ③修正または交換 ④スプライン修正または交換
（2）ピニオンはリングギヤに噛み合うものの、セルスターターの内部モーターが回らない。	①バッテリの容量不足 ②ピニオンとリングギヤの噛み合い不良 ③ブラシの摩耗 ④スプリングのヘタリ	①充電または交換 ②歯の修正または交換 ③修正または交換 ④修正または交換
（3）ピニオンがリングギヤに噛み合わずに全力回転する。	①セルスターターの取付不良 ②ピニオンとリングギヤとのギャップの調整不良	①取付直し、調整 ②調整
（4）セルスターターの内部モーターは回転するが、ピニオンが回転しない。	①ピニオンクラッチの不良	①修理または交換
（5）クランクシャフトが勢いよく回転しない。	①バッテリの充電不良 ②バッテリの電解液不足	①充電または交換 ②電解液の補充

表9.2　始動時にクランクシャフトが回転しない場合の対応例（圧縮空気直入れ方式の場合）

現　　象	原　　因	対　　応
（1）始動空気でクランクシャフトが回転しない。	①始動弁の膠着による開き放し ②始動弁と弁座の接触面不良 ③空気管系や弁、弁座からの空気漏れ ④塞止弁、空気分配弁の弁座不良 ⑤空気槽（エアタンク）の空気圧力低下 ⑥吸排気弁の気密不良	①分解修正または交換 ②弁および弁座の清掃または交換 ③修正または交換 ④弁および弁座の清掃または交換 ⑤コンプレッサーによる充気 ⑥弁および弁座の清掃または交換
（2）クランクシャフトが勢いよく回転しない。	①上記(1)と同様 ②エンジンの冷え過ぎ ③潤滑油粘度の高過ぎ ④運動部分の焼き付き、膠着	①上記(1)と同様 ②エンジンや冷却水の昇温 ③潤滑油の昇温または取り換え ④交換

表9.3　始動時にクランクシャフトはよく回転するが、着火しない場合の対応例

現　　象	原　　因	対　　応
(1) 燃料が噴射しない、あるいは噴射状態が良くない。	①燃料噴射管内における水、空気の残存 ②燃料噴射弁のニードルバルブの膠着 ③燃料噴射弁のニードルバルブの摩耗 ④燃料入口こし器の目詰まり ⑤燃料噴射圧力の低下 ⑥燃料タンク内の燃料油不足 ⑦燃料ポンプの作動不良 ⑧燃料噴射系統の不良	①プライミングによる水抜き、空気抜きの実施 ②交換 ③交換 ④清掃または交換 ⑤再調整 ⑥燃料の補給 ⑦分解修正または交換 ⑧分解修正または交換
(2) 圧縮圧力が低い。	①吸排気弁の気密不良 ②シリンダヘッドからのガス漏れ ③シリンダライナおよびピストンリングの摩耗 ④ピストンリングの膠着 ⑤弁バネの折損 ⑥弁すきまの過小または過大	①交換 ②ヘッドガスケットまたはヘッドパッキンの交換 ③交換 ④交換 ⑤交換 ⑥再調整

表9.4　運転時に生じる不調、不具合への対応例

現　　象	原　　因	対　　応
(1) エンジンが突然停止する。	①燃料タンク内の燃料量不足 ②ガバナの故障による燃料の無噴射 ③ピストンや軸受などの焼き付き ④燃料供給ポンプの作動不良	①燃料の補給後にプライミングを実施 ②分解修正または交換 ③交換 ④交換
(2) 回転速度が勝手に低下する。	①遠隔操縦装置またはガバナの不良 ②ピストンや軸受などの焼き付き ③燃料噴射ポンプや燃料噴射弁の膠着 ④燃料系統への水、空気の混入 ⑤過給機の異常	①分解修正または交換 ②交換 ③交換 ④水抜き、空気抜きの実施 ⑤清掃、整備または交換

（3）各シリンダの出力の不揃いにより、エンジン回転が安定しない。	①燃料噴射量、燃料噴射圧力、燃料噴射時期の不揃い ②吸排気弁の膠着 ③燃料噴射弁の不良 ④シリンダライナ、ピストンリングの摩耗	①再調整 ②交換 ③分解修正または交換 ④交換
（4）エンジン回転が円滑ではない。	①上記（3）と同様 ②ガバナの作動不良 ③運動部分の焼き付き	①上記（3）と同様 ②分解修正または交換 ③交換
（5）ノッキングする。	①燃料噴射時期のズレ ②燃料噴射ポンプ、燃料噴射弁の不良 ③軸受部のすきま過大 ④エンジンの過冷	①再調整 ②分解修正または交換 ③分解修正または交換 ④暖機運転の実施
（6）排気色が悪い。	①不適当な燃料油の使用 ②燃料油への水分の混入 ③燃料噴射時期のズレ ④燃料噴射弁の不良 ⑤潤滑油の燃焼室への混入過多 ⑥過給機の汚れまたは不良	①適正な燃料に入れ替え ②水抜きの実施 ③再調整 ④交換 ⑤分解調整または交換 ⑥清掃、整備または交換
（7）全負荷運転ができない。	①燃料こし器の詰まり ②燃料噴射ポンプ、燃料供給ポンプの不良	①清掃または交換 ②分解修正または交換

表9.5　過給機の不調、不具合への対応例

現　　象	原　　因	対　　応
（1）排気温度が上昇する。	①ブロアの汚損 ②エアフィルタの汚損 ③インタークーラの汚損 ④冷却水の不足 ⑤吸排気管からの空気漏れ、ガス漏れ ⑥ブロア翼、タービン翼またはタービンノズルの破損	①掃除または交換 ②掃除または交換 ③掃除または交換 ④冷却水の補充、および冷却水系統の分解修正または交換 ⑤分解修正またはパッキン交換 ⑥交換
（2）吸気圧力が低下する。	①ブロアの汚損 ②吸排気管からの空気漏れ	①清掃または交換 ②分解修正またはパッキン交

		換
	③ブロア翼などの破損	③交換
（3）異音がする、振動、騒音が酷くなる。	①回転部の汚損または破損に伴う不つりあいの発生	①清掃または交換
	②軸受部および弾性支持装置の不具合	②交換
	③回転部分のケーシングなどへの接触	③交換
（4）潤滑油の汚損が早い。潤滑油消費量が多い。	①排ガスの軸受部や油溜まりへの侵入	①清掃または交換
	②潤滑油のブロアへの吸い込まれ	②清掃または交換
	③ラビリンスシールまたはブッシュの摩耗	③交換
（5）ケーシングからの水漏れがある。	①ケーシング部のき裂	①交換
	②ジャケット部の冷却水側の壁面からの腐食	②交換
	③ジャケット部のガス通路側の壁面からの腐食	③交換

表9.6　油圧式減速逆転機の不調、不具合への対応例

現　　　象	原　　　因	対　　　応
（1）前進、中立、後進への切り替えがスムーズではない。	①遠隔操縦装置の不良	①リンク仕組の分解修正または交換
	②作動油管系の不良	②分解修正または交換
	③運動部分、レバー仕組の作動不良	③分解修正または交換
	④クラッチ摩擦板の焼き付き	④交換
（2）クラッチ作動油圧が低下する。	①潤滑油量の不足または潤滑油管系の不良	①潤滑油の補給、分解修正または交換
	②作動油ポンプの摩耗	②交換
	③前進・後進切換弁の不良	③交換
	④作動油圧調整弁の膠着、バネ折損	④交換
（3）クラッチがスリップする。	①クラッチの作動油圧の低下	①上記（2）と同様
	②摩擦板の前進・後進の移動不良	②上記（2）と同様
	③摩擦板の摩耗	③交換
	④リモコン装置の位相不良	④再調整

現　象	原　因	対　応
（4）中立時にプロペラ軸とつれ回りする。	①摩擦板の焼き付き	①交換
	②摩擦板の前進・後進の移動不良	②上記（2）と同様
	③スチールプレートの反り不足または中立保持バネの不良	③交換
	④リモコン装置の位相不良	④再調整
（5）異常発熱する。	①過負荷によるクラッチのスリップ	①負荷の低減
	②作動油圧低下によるクラッチのスリップ	②作動油管系の分解修正または交換
	③軸受の損傷	③交換
	④潤滑油の劣化および不適	④適正な潤滑油への入れ替え
	⑤潤滑油量の過多	⑤再調整（調量）
（6）騒音が酷くなる。	①ねじり振動過大	①危険回転域の回避
	②ギヤのバックラッシ過大	②再調整または交換
	③軸受の損傷	③交換
（7）潤滑油圧力に異常がある。	①エンジン側と同様	①エンジン側と同様

表9.7　その他の不調、不具合への対応例

現　象	原　因	対　応
（1）エンジンが過熱する。	①長時間の過負荷運転	①負荷の低減
	②冷却水量の不足	②冷却水の補充、および冷却水系統の分解修正または交換
	③潤滑油の供給不足	③潤滑油の補充、および潤滑油系統の分解修正または交換
	④燃料噴射系統の不良	④燃料噴射系統の分解修正または交換
	⑤清水ポンプ、海水ポンプの機能低下	⑤分解修正または交換
	⑥排気系統の抵抗増加	⑥清掃または交換
（2）潤滑油圧力が低い。	①潤滑油ポンプの不良	①分解修正または交換
	②潤滑油こし器の目詰まり	②清掃または交換
	③潤滑油ポンプ安全弁または潤滑油圧力調整弁の不良	③再調整または交換
	④潤滑油温度の異常昇温	④冷却水ポンプ、クーラの掃除または交換

	⑤使用潤滑油の粘度不良 ⑥油圧計の指示不良	⑤適正な潤滑油に入れ替え ⑥交換
（3）潤滑油温度が高過ぎる。	①潤滑油冷却器の汚損 ②冷却水量の不足 ③潤滑油量の不足	①清掃または交換 ②冷却水の補充、および冷却水系統の分解修正または交換 ③潤滑油の補充、および潤滑油系統の分解修正または交換
（4）冷却水温度が高過ぎる。	①冷却水系統の汚損 ②清水容量の不足 ③キングストンストレーナの目詰まり	①清掃または交換 ②冷却水の補充、および冷却水系統の分解修正または交換 ③清掃または交換
（5）異音がする、騒音が酷くなる。	①クランクシャフトおよび軸受の摩耗 ②クランクピン軸受摩耗 ③ピストン、ピストンリングの摩耗、損傷 ④ギヤおよびカムシャフトの摩耗 ⑤吸排気弁の弁頭すきま過大	①交換 ②交換 ③交換 ④交換 ⑤再調整
（6）潤滑油消費量が多い。	①シリンダライナ、ピストン、ピストンリングの摩耗、損傷 ②空気抜きの目詰まり ③潤滑油量の過多 ④吸排気弁とバルブガイドのすきまからの燃焼室への潤滑油混入 ⑤潤滑油系統からの油漏れ	①交換 ②清掃または交換 ③再調整（調量） ④交換 ⑤分解修正またはパッキン交換

　ところで、電子制御エンジンでは、各種センサやハーネス、アクチュエータの異常をECUが感知した際、オペレータに警告を発する機能が備えられている。一例として図9.1にエンジン油圧異常を検出した時のインジケータ画面を示す。故障検出時には警告音とともに図右上のようなエラーメッセージが表示

され、ボタン操作によって詳細な故障情報（右下）にアクセスすることができる。この時、画面下に「CALL SERVICE MECHANIC」と表示された場合は速やかにサービスショップに連絡を取ることを推奨する。その際、画面右に表示されるDTCコードを伝えると速やかに適切な対応をとることができる。

　なお、比較的重度の故障が検知された場合、ECUは自動的に保護モードを選択し、出力が制限される場合がある。

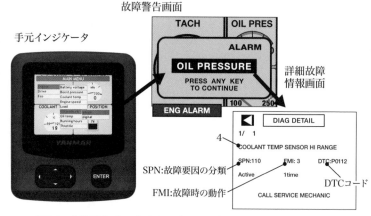

図9.1　故障発生時の手元インジケータ表示画面（電子制御エンジン）

　ここまで本章では、初期故障とその対応について説明した。最後の章では、船舶用ディーゼルエンジンを永く大切に扱ってもらうべく、その保守、整備の重要性について説明する。

第10章　船舶用ディーゼルエンジンの保守、整備の重要性

　本書の題目にもある「船舶用ディーゼルエンジンの保守、整備」における実際の作業をフローチャートに表すと、図 10.1 のようになる。

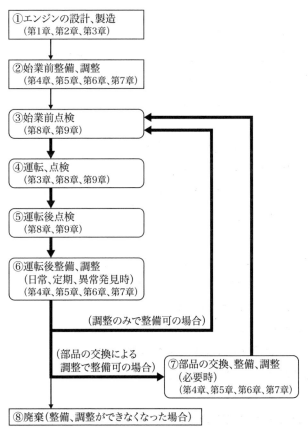

図 10.1　船舶用ディーゼルエンジンの保守、整備のフロー

　エンジンの原理や構造、用途を十分に理解したうえで、図に示す太線のループ（項目③から項目⑦のループ）の通り、保守、整備、点検を丁寧に繰り返し行うことで、エンジンは永く活躍することができる。

　さらに、ディーゼルエンジンをできるだけベストコンディションで運転させることも長持ちさせるコツである。ディーゼルエンジンには、設計上の定格運転状態というものがあり、その定格運転時に機械構造物としての最高のパフォーマンスが出せるようマッチング（調整）されていることが多い。そのため、安全かつ経済的に運用するには、下記のような事項を守るとよい。

・　長時間の過負荷運転はしないこと。
　　構造物が強度的に耐え切れず、大規模な損傷に繋がるおそれがある。（過負荷運転は、通常運転ではなく、緊急時の出力マージン（余裕）として設定していることに留意のこと。）

・　長時間の低負荷運転はしないこと。
　　燃焼室内に不完全燃焼時に生成するカーボンや未燃の燃料が堆積することにより、さらなる燃焼不良や、硫酸腐食による損傷などを引き起こすおそれがある。

・　急加速や急減速など、急激な負荷変動を伴う運転をしないこと。
　　設計的には想定していない衝撃的な荷重が作用することにより、構造物が損傷するおそれがある。
　　（なお、急ブレーキに相当する"クラッシュアスターン"については、危険回避の場合には必要な操作であることから、緊急時には躊躇することなく、その操作を行うこと。）

・　初起動時や久しぶりの運転時、部品交換時、整備後には、"ならし運転"を行うこと。

　　前述のような状況下では、各部が十分に潤滑されていない場合があることから、"ならし運転"をしないと、"焼き付き"などを起こすおそれがある。

　これらを遵守いただくことにより、ディーゼルエンジンを永く大切に扱っていただけると、商品を送り出したエンジンメーカーとしても大変うれしい限りである。

　また、船舶用ディーゼルエンジンにおいても、他の機械構造物と同様に、使用限度を超えた部品を使い続けたり、あるいはガスケットや座金などにおいて、古い部品を再利用したり、もしくは安いイミテーション部品を使うことによって、エンジンを再生不能なほどに全損事故を起こしてしまう、あるいは不幸にも人身事故を起こしてしまう、などといったことがある。しかし、これらのような事故の発生については、丁寧で、かつ定期的な保守、点検、整備によって防げたはず、といった場合もよくある。このようなことから本書で説明した船舶用ディーゼルエンジン、あるいはそれに関連する機器に携わる各位には、「海上では、ディーゼルエンジンに命を預けている」ということを十分に認識してもらい、さらに、その船舶用ディーゼルエンジンの作動原理や構造などについて、本書を通して十分に理解していただいたうえで、必要な保守、点検、整備を確実に実施いただくことを重ねてお願いする。

　ところで、もし船舶用ディーゼルエンジンが航行中に故障した場合には、自分でなんとかしようとせずに、まず"118番（海上保安庁）"へ連絡すること。次に、自力航行できるようであれば自力で、無理な場合は、僚船や近隣の船舶に助けを求めて曳航してもらうなどして、陸へ戻ることを真っ先に考えること。すなわち、まず自分の命、そして乗組員の命を守る行動を最優先に取るようにあわせてお願いする。

　このような事態にならないように、本書で解説したディーゼルエンジンの構造を理解してもらったうえで、記述した保守、点検、整備を実践することにより、各位が永く船舶用ディーゼルエンジンと協働できることを切に願う。

付録　船舶用ディーゼルエンジンに関わる主な法令

　船舶用ディーゼルエンジンにおいては、海上で活躍する船舶に搭載する重要なパワーユニットであるという特性上、万が一、機器に故障が発生してしまうと、それが漂流や沈没といった重大な事故に直結することになり、また、海上であるがゆえに、機器が故障しても緊急に対応することが難しい場合が多い、などといった背景を有していることから、特にその安全性や信頼性に関して、多くの法令（法規、法律）が制定されている。そこで本章では、これらの法令のうち、代表的なものについて、その法令を制定した目的や制定時期などを簡単に触れる。なお、各法令の詳細については、海事関係の法令集とその解説書や、総務省行政管理局が運営する総合的な行政情報ポータルサイトである電子政府の総合窓口　e-Gov（https://elaws.e-gov.go.jp/（参照日：2021/04/08））から検索した内容などを参照するとよい。

付録-1　船舶安全法

　船舶安全法は、船舶の安全を確保するため船体、消防、居住設備等の施設の構造及び設備等について国際条約に準じて規定し、また条約非適用船についても事情の許す限り高度の施設を義務付けた法令[1]である。つまり、日本船舶が堪航性を保持し、かつ人命の安全を保つのに必要な船舶用ディーゼルエンジンも含めた船舶の諸施設について基準を定め、さらに、それらにつき強制的に検査を行うことを規定した法令である。

　この法令は、昭和8年3月15日に昭和8年法律第11号として制定された。またこの法令において、船舶用ディーゼルエンジンについては、定期検査、中間検査、臨時検査、予備検査、製造検査といった各種検査を都度、実施する義

務が明記されており、これらの検査を通して、船舶用エンジンの安全性や信頼性、法令に対する適合性をチェックし、船舶としての安全性をこの法令に基づき確認する、といったことが規定されている。そしてこれらの規定された検査に合格した船舶用ディーゼルエンジンやその部品などには、検査合格の印が付

第19号様式（第45条関係）

（管海官庁の証印）

（小型船舶検査機構の証印）

*l*は、4ミリメートル以上とする。

付録図1　船舶安全法施行規則の規定による証印

第4号様式（第8条関係）

（製造工事に係る船舶又は
物件に対して附する認印）

第5号様式（第8条関係）

（改修修理工事に係る船舶又は
物件に対して附する認印）

第6号様式（第8条関係）

（型式承認を受けた船舶又は物件で
製造工事に係るものに対して付する標示）

第9号様式（第24条関係）

（整備に係る船舶又は
物件に対して附する認印）

*l*は、4ミリメートル以上とする。

付録図2　船舶安全法の規定に基づく事業場の認定に関する規則の規定による認印

与されている。この検査合格の印について、船舶安全法施行規則の規定による証印[2]を付録図1に、船舶安全法の規定に基づく事業場の認定に関する規則の規定による認印[3]を付録図2に示す。

付録-2　船員法

船員法は、"船舶"という特殊な環境下において、主に労働者としての船員を保護すること、および 船舶乗組員（船舶運航共同体）として人的側面から船舶の安全航行を確保することを目的に制定された法令[4]である。

この法令は、昭和22年9月1日に昭和22年法律第100号として制定された。また、この法令には労働時間、休日及び定員といった就業規則や給料などの報酬、食料並びに安全及び衛生といったものが規定されている。

付録-3　船舶法

船舶法は、船舶の国籍、船舶の総トン数、その他の登録に関する事項及び船舶の航行に関する行政上の取締等を定めた法令[5]である。

この法令は、明治32年3月8日に明治32年法律第46号として制定された。またこの法令において、漁船については漁船登録票をもって船籍票の役割も兼ねている、とされていることから、船籍票の交付を受けることを必要としないことが、その内容のひとつとして挙げられる。ここで漁船とは、漁船法第2条第1項に掲げる日本船舶で、①もっぱら漁業に従事する船舶、②漁業に従事する船舶で漁獲物の保蔵又は製造の設備を有するもの、③もっぱら漁場から漁獲物又はその製品を運搬する船舶、④もっぱら漁場に関する試験、調査、指導若しくは練習に従事する船舶又は漁場の取締に従事する船舶であって漁ろう設備を有するもの、と定義されている。その漁船に対して例外規定を設ける趣旨は、日本船舶の漁船は必ず漁船原簿に登録したうえで登録票の交付を受けるものであり、その事務は船籍票の交付事務の場合と同様に、都道府県知事が管掌

しており（漁船法 9 条、11条参照）、さらに総トン数20トン未満の漁船は、その国籍につき国際的関係を生ずることも稀であるから、その手続の簡素化を図るため、とされている。一方で、船舶国籍証書を受有すべき総トン数20トン以上の船舶については、前述のような例外は存在しない。

付録-4　漁船法

漁船法は、漁船の建造を調整し、漁船の登録及び検査に関する制度を確立し、かつ漁船に関する試験を行い、さらに漁船の性能の向上を図り、あわせて漁業生産力の合理的発展に資することを目的とした法令[6]である。

この法令は、昭和25年 5 月13日に昭和25年法律第178号として制定された。また、この法令には“漁船の性能の向上を図り、あわせて漁業生産力の合理的発展に資すること”を目的としていることが明記されているが、その目的に則って、同一レベルの大きさの漁船の漁獲能力の均等化を図ったうえで漁獲高を調整することにより、漁業生産力の合理的発展に繋げるべく、以下のとおり漁船の大きさ（計画総トン数）ごとに搭載可能な推進機関（主に船舶用主機関として漁船に搭載される船舶用ディーゼルエンジン）の出力が決められている。

詳細には、漁船法第 3 条第 1 項の規定に基づく動力漁船の性能の基準、として、昭和57年 7 月 6 日農林水産省告示第1091号、最終改正：平成14年 6 月28日農林水産省告示第1210号、漁船法（昭和25年法律第178号）第 3 条第 1 項の規定に基づき、動力漁船の性能の基準が次のように定められている[7]。

1．計画総トン数が20トン未満の漁船（単胴船に限る。）にあつては、船舶の幅と深さの比が 2 以上であること。
2．計画総トン数が40トン未満の漁船（漁船法第 4 条第 1 項第 1 号に掲げる漁業にのみ従事する漁船及び官公庁船を除く。）にあつては、推進機関の馬力数が、別表の上欄に掲げる計画総トン数に応じ、それぞれ同表の下

欄に掲げる馬力数以下であること。

3．計画総トン数が20トン未満の漁船（ジーゼル機関を推進機関とするものに限る。）にあつては、推進機関に燃料の最大噴射量をその機関の構造上安全な噴射量に制限する装置及び機関の最大回転速度をその構造上安全な回転速度に制限する装置が取り付けられているものであること。

4．特別の理由により前3項の基準によりがたい漁船については、これらの規定にかかわらず、漁船法第4条の許可を申請した者の申出により農林水産大臣が適当と認めて指示した性能を有するものであること。

この上述の条文に付随する表が付録表1である。

付録表1　各計画総トン数ごとに決められた推進機関の馬力数の一覧表

計画総トン数	推進機関の馬力数
4.0トン未満	330キロワット
4.0トン以上6.0トン未満	450キロワット
6.0トン以上10トン未満	540キロワット
10トン以上15トン未満	670キロワット
15トン以上20トン未満	890キロワット
20トン以上30トン未満	1,010キロワット
30トン以上40トン未満	1,130キロワット

さらに、上述の規定とともに、海洋水産システム協会が定める"漁船用推進機関の販売基準"に示された「ディーゼル機関の計画出力（連続出力）の基準」[8]も含めて動力漁船に搭載できる推進機関の規定を詳細にグラフ化すると、付録図3のようになる。

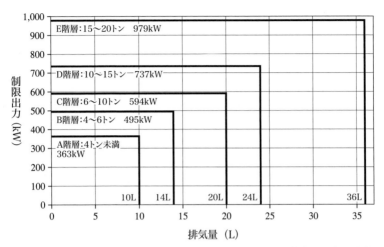

付録図3　漁船法などに基づいた国内漁船用主機関の階層別排気量と制限出力

なお、船舶の幅と深さの定義[9]は、下記の付録図4のとおりとなっている。

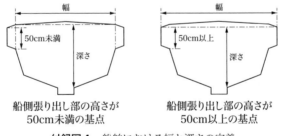

付録図4　船舶における幅と深さの定義

付録-5　IMO（国際海事機関）による環境規制

前述でも触れたとおり、20世紀末頃から注目され始めた地球温暖化に関する議論の高まりなどとともに、船舶用エンジンにおいても、特に2000年から適用されたIMO（International Maritime Organization（国際海事機関））が規定するNOx一次規制以降、環境規制に対応することが求められている。具体的に

は、「船舶による汚染の防止のための国際条約」（MARPOL条約）の附属書IVに
基づき、大気汚染防止のための規則が定められている。その附属書IVにおける
「ANNEX13，CHAPTER III，REQUIREMENTS FOR CONTROL OF EMISSIONS
FROM SHIPS，Regulation13，Nitrogen Oxides（NOx）」に記された基準によ
ると、付録図5に示すNOx排出量規制値以下になるようなエンジンを製造す
ることが国際的なルールとして求められている。[(10)、(11)]

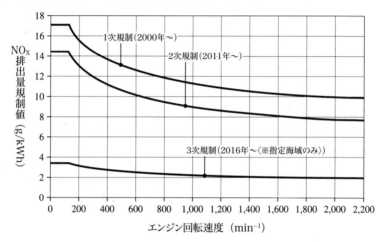

付録図5　エンジン回転速度に対するNOx排出量規制値

　なお、これまで列挙した主な法令については、それぞれ個別の主旨のもとに
制定された法令であることから、基本的には互いに相関はない。また、各法令
とも時代に合わせて、たびたび改正が加えられている。そのため、検査や申請
などの実作業を行うにあたっては、各法令をよく読んだうえで、それらの法令
に則って実施すること。

参考文献：

(1) 日本財団図書館 ホームページ：https://nippon.zaidan.info/seikabutsu/1998/00959/ contents/003.htm（参照日：2020/03/07）

(2) 船舶安全法施行規則、e-Gov ホームページ：https://elaws.e-gov.go.jp/search/elawsSearch/ elaws_search/lsg0500/detail?lawId=338M50000800041#1745（参照日：2020/05/17）

(3) 船舶安全法の規定に基づく事業場の認定に関する規則、e-Gov ホームページ：https://elaws. e-gov.go.jp/search/elawsSearch/elaws_search/lsg0500/detail?lawId=348M50000800049#394 （参照日：2020/05/17）

(4) 国土交通省九州運輸局 ホームページ：http://wwwtb.mlit.go.jp/kyushu/senpakutouken/pdf/ bunyabetu-4-siryou-seninhou.pdf（参照日：2020/03/07）

(5) 日本財団図書館 ホームページ：https://nippon.zaidan.info/seikabutsu/1997/01275/ contents/002.htm（参照日：2020/03/07）

(6) 漁船法、e-Gov ホームページ：https://elaws.e-gov.go.jp/search/elawsSearch/elaws_search/ lsg0500/detail?lawId=325AC1000000178（参照日：2020/03/07）

(7) 農林水産省 ホームページ：https://www.maff.go.jp/j/kokuji_tuti/kokuji/k0000733.html（参照日：2020/03/07）

(8) 漁船法による推進機関の馬力数、(2019/09)、pp.13-38、一般社団法人 海洋水産システム協会

(9) 三重県 ホームページ：http://www.pref.mie.lg.jp/common/content/000722696.pdf（参照日：2020/03/07）

(10) 髙橋、益田、安藤、松本：排ガス洗浄装置に係る国際規格化への取り組み、海上技術安全研究所報告、第19巻、第2号、2019、pp.331-338

(11) ANNEX 13、RESOLUTION MEPC.176(58)、(Revised MARPOL Annex VI)、Adopted on 10 October 2008、pp.1-45

資料提供：

株式会社デンソー

ボッシュ株式会社

株式会社神崎高級工機製作所

ヤンマー舶用システム株式会社

ヤンマーエンジニアリング株式会社

ヤンマーパワーテクノロジー株式会社

参考資料：

舶用機関整備士更新講習会指導書（平成31年度）、社団法人 日本舶用機関整備協会

最新 小型船舶・漁船 安全関係法令　併載：登録・測度に関する法令（令和元年6月1日現在）、
　　国土交通省海事局安全政策課・検査測度課　監修、株式会社成山堂書店

藤田 護：舶用エンジンの保守と整備5訂版、（1998/03）、株式会社成山堂書店

藤田 護：小型船エンジン読本 改訂版、（1977/05）、株式会社成山堂書店

大道寺 達：ディーゼル機関設計法、（1973/02）、工学図書株式会社

井口 克之：有限要素解析を用いたディーゼルエンジンシリンダブロックのトップデッキ隅部の強
　　度評価に関する研究、（2010）

索　引

執筆者一覧

ヤンマーパワーテクノロジー株式会社

特機事業部　品質保証部　主席（博士（工学））

井口　克之（第1章、第2章、第3章、第4章、第7章、第9章、第10章、付録）

特機事業部　開発部　部長

泉　克典（第4章、第5章、第6章、第7章、第8章）

ヤンマーホールディングス株式会社

技術本部　主席（博士（工学））

朝井　豪　（第2章、第9章）

ヤンマーHP

はくよう
舶用ディーゼルエンジン
こうぞう　ほしゅ　せいび
―構造・保守・整備―　改訂版

定価はカバーに表示してあります。

2021 年 6 月 28 日　初版発行
2024 年 3 月 28 日　改訂初版発行
編著者　ヤンマーパワーテクノロジー株式会社
発行者　小 川　啓 人
印　刷　三和印刷株式会社
製　本　東京美術紙工協業組合

発行所　鬱 成 山 堂 書 店

〒160-0012　東京都新宿区南元町 4 番 51　成山堂ビル
TEL：03（3357）5861　　FAX：03（3357）5867
URL　https://www.seizando.co.jp

落丁・乱丁本はお取り換えいたしますので，小社営業チーム宛にお送りください。

©2024　YANMAR POWER TECHNOLOGY CO., LTD.
Printed in Japan　　　　　　　　　　ISBN978-4-425-62102-6

❖辞　典・外国語❖

✣辞　典✣

英和海事大辞典（新装版）	逆井編	17,600円
和英英和船舶用語辞典（2訂版）	東京商船大辞典編集委員会編	5,500円
英和海洋航海用語辞典（2訂増補版）	四之宮編	3,960円
英和和英機関用語辞典（2訂版）	升田編	3,520円
新訂 図解 船舶・荷役の基礎用語	宮本編著新日検改訂	4,730円
LNG船・荷役用語集（改訂版）	ダイアモンド・ガス・オペレーション㈱著	6,820円
海に由来する英語事典	飯島・丹羽共訳	7,040円
船舶安全法関係用語事典（第2版）	上村編著	8,580円
最新ダイビング用語事典	日本水中科学協会編	5,940円
世界の空港事典	岩見他編著	9,900円

✣外国語✣

新版英和対訳IMO標準海事通信用語集	海事局監修	5,500円
英文和文新訂 航海日誌の書き方	水島著	2,420円
実用英文機関日誌記載要領	岸本大橋共著	2,200円
新訂 船員実務英会話	水島編著	1,980円
復刻版海の英語 ―イギリス海事用語根源―	佐波著	8,800円
海の物語（改訂増補版）	商船高専英語研究会編	1,760円
機関英語のベスト解釈	西野著	1,980円
海の英語に強くなる本 ―海技試験を徹底攻略―	桑田著	1,760円

❖法令集・法令解説❖

✣法　令✣

海事法令シリーズ①海運六法	海事局監修	23,100円
海事法令シリーズ②船舶六法	海事局監修	52,800円
海事法令シリーズ③船員六法	海事局監修	41,250円
海事法令シリーズ④海上保安六法	保安庁監修	23,650円
海事法令シリーズ⑤港湾六法	海事法令研究会編	23,100円
海技試験六法	海技課監修	5,500円
実用海事六法	国土交通省監修	46,200円
最新小型船舶安全関係法令	安基課・測度課監修	7,040円
加除式危険物船舶運送及び貯蔵規則並びに関係告示（加除済み台本）	海事局監修	30,250円
危険物船舶運送及び貯蔵規則並びに関係告示（追録23号）	海事局監修	29,150円
最新船員法及び関係法令	船員政策課監修	7,700円
最新船舶職員及び小型船舶操縦者法関係法令	海技・振興課監修	7,480円
最新水先法及び関係法令	海事局監修	3,960円
英和対訳2021年STCW条約［正訳］	海事局監修	30,800円
英和対訳国連海洋法条約［正訳］	外務省海洋課監修	8,800円
英和対訳2006年ILO　［正訳］海上労働条約2021年改訂版	海事局監修	7,700円
船舶油濁損害賠償保障関係法令・条約集	日本海事センター編	7,260円
国際船舶・港湾保安法及び関係法令	政策審議官監修	4,400円

✣法令解説✣

シップリサイクル条約の解説と実務	大坪他著	5,280円
海事法規の解説	神戸大学編著	5,940円
四・五・六級海事法規読本（3訂版）	及川著	3,740円
運輸安全マネジメント制度の解説	木下著	4,400円
船舶検査受検マニュアル（増補改訂版）	海事局編	22,000円
船舶安全法の解説（5訂版）	有馬編	5,940円
図解 海上衝突予防法（11訂版）	藤本著	3,520円
図解 海上交通安全法（10訂版）	藤本著	3,520円
図解 港則法（3訂版）	國枝・竹本著	3,520円
逐条解説 海上衝突予防法	河口著	9,900円
海洋法と船舶の通航（増補2訂版）	日本海事センター編	3,520円
船舶衝突の裁判例と解説	小川著	7,040円
海難審判裁決評釈集	21海事総合事務所編著	5,060円
1972年国際海上衝突予防規則の解説（第7版）	松井・赤地・久古共訳	6,600円
新編 漁業法のここが知りたい（2訂増補版）	金田著	3,300円
新編 漁業法詳解（増補5訂版）	金田著	10,890円
概説 改正漁業法	小松監修有薗著	3,740円
実例でわかる漁業法と漁業権の課題	小松監修有薗共著	4,180円
海上衝突予防法史概説	岸本編著	22,407円
航空法（2訂版） ―国際法と航空法令の解説―	池内著	5,500円

❖海運・港湾・流通❖

✤海運実務✤

新訂 外航海運概論（改訂版）	森編著	4,730円
内航海運概論	畑本・古荘共著	3,300円
設問式 定期傭船契約の解説（新訂版）	松井著	5,940円
傭船契約の実務的解説（3訂版）	谷本・宮脇共著	7,700円
設問式 船荷証券の実務的解説	松井・黒澤編著	4,950円
設問式 シップファイナンス入門	秋葉編著	3,080円
設問式 船舶衝突の実務的解説	田川監修・藤沢著	2,860円
海損精算人が解説する共同海損実務ガイダンス	重松監修	3,960円
LNG船がわかる本（新訂版）	糸山著	4,840円
LNG船運航のABC（2訂版）	日本郵船LNG船運航研究会	4,180円
LNGの計量 —船上計量から熱量計算まで—	春田著	8,800円
ばら積み船の運用実務	関根監修	4,620円
載貨と海上輸送（改訂版）	運航技術研編	4,840円

海上貨物輸送論	久保著	3,080円
国際物流のクレーム実務 —NVOCCはいかに対処するか—	佐藤著	7,040円
船会社の経営破綻と実務対応	佐藤・雨宮共著	4,180円
海事仲裁がわかる本	谷本著	3,080円

✤海難・防災✤

新訂 船舶安全学概論（改訂版）	船舶安全学研究会著	3,080円
海の安全管理学	井上著	2,640円

✤海上保険✤

漁船保険の解説	三宅・浅田菅原共著	3,300円
海上リスクマネジメント（2訂版）	藤沢・横山小林共著	6,160円
貨物海上保険・貨物賠償クレームのQ&A（改訂版）	小路丸著	2,860円
貿易と保険実務マニュアル	石原・土屋水越・吉永共著	4,180円

✤液体貨物✤

液体貨物ハンドブック（2訂版）	日本海事検定協会監修	4,400円

■油濁防止規程	内航総連編	■有害液体汚染・海洋汚染防止規程	内航総連編
150トン以上200トン未満タンカー用	1,100円	有害液体汚染防止規程（150トン以上200トン未満）	1,320円
200トン以上タンカー用	1,100円	〃　　（200トン以上）	2,200円
400トン以上ノンタンカー用	1,760円	海洋汚染防止規程（400トン以上）	3,300円

✤港　湾✤

港湾倉庫マネジメント —戦略的思考と黒字化のポイント—	春山著	4,180円
港湾知識のABC（13訂版）	池田・恩田共著	3,850円
港運実務の解説（6訂版）	田村著	4,180円
新訂 港運がわかる本	天田・恩田共著	4,180円
港湾荷役のQ&A（改訂増補版）	港湾荷役機械システム協会編	4,840円
港湾政策の新たなパラダイム	篠原著	2,970円
コンテナ港湾の運営と競争	川﨑・寺田手塚編著	3,740円
日本のコンテナ港湾政策	津守著	3,960円
クルーズポート読本（2024年版）	みなと総研監修	3,080円
「みなと」のインフラ学	山縣・加藤編著	3,300円

✤物流・流通✤

国際物流の理論と実務（6訂版）	鈴木著	2,860円
すぐ使える実戦物流コスト計算	河西著	2,200円
新流通・マーケティング入門	金他共著	3,080円
グローバル・ロジスティクス・ネットワーク	柴崎編	3,080円

増補改訂 貿易物流実務マニュアル	石原著	9,680円
輸出入通関実務マニュアル	石原・松岡共著	3,630円
ココで差がつく！貿易・輸送・通関実務	春山著	3,300円
新・中国税関実務マニュアル	岩見著	3,850円
リスクマネジメントの真髄 —現場・組織・社会の安全と安心—	井上編著	2,200円
ヒューマンファクター —安全な社会づくりをめざして—	日本ヒューマンファクター研究所編	2,750円
シニア社会の交通政策 —高齢化時代のモビリティを考える—	高田著	2,860円
交通インフラ・ファイナンス	加藤・手塚共著	3,520円
ネット通販時代の宅配便	林・根本編著	3,080円
道路課金と交通マネジメント	根本編著	3,520円
現代交通問題 考	衛藤監修	3,960円
運輸部門の気候変動対策	室町著	3,520円
交通インフラの運営と地域政策	西藤著	3,300円
交通経済	今城監訳	3,740円
駐車施策からみたまちづくり	高田監修	3,520円

❖航　海❖

航海学(上)(6訂版)(下)(5訂版)	辻・航海学研究会著	4,400円 4,400円
航海学概論(改訂版)	鳥羽商船高専ナビゲーション技術研究会編	3,520円
航海応用力学の基礎(3訂版)	和田著	4,180円
実践航海術	関根監修	4,180円
海事一般がわかる本(改訂版)	山崎著	3,300円
天文航法のABC	廣野著	3,300円
平成27年練習用天測暦	航技研編	1,650円
新訂 初心者のための海図教室	吉野著	2,530円
四・五・六級航海読本(2訂版)	及川著	3,960円
四・五・六級運用読本(改訂版)	及川著	3,960円
船舶運用学のABC	和田著	3,740円
魚探とソナーとGPSとレーダーと舶用電子機器の極意(改訂版)	須磨著	2,750円
新版 電波航法	今津・榧野 共著	2,860円
航海計器シリーズ①基礎航海計器(改訂版)	米沢著	2,640円

航海計器シリーズ②新訂増補 ジャイロコンパスとオートパイロット	前畑著	4,180円
航海計器シリーズ③新訂 電波計器	若林著	4,400円
舶用電気・情報基礎論	若林著	3,960円
詳説 航海計器(改訂版)	若林著	4,950円
航海当直用レーダープロッティング用紙	航海技術研究会編著	2,200円
操船の理論と実際(増補版)	井上著	5,280円
操船実学	石畑著	5,500円
曳船とその使用法(2訂版)	山縣著	2,640円
船舶通信の基礎知識(3訂増補版)	鈴木著	3,300円
旗と船舶通信(6訂版)	三谷・古藤 共著	2,640円
大きな図で見るやさしい実用ロープ・ワーク(改訂版)	山崎著	2,640円
ロープの扱い方・結び方	堀越・橋本 共著	880円
How to ロープ・ワーク	及川・石井亀田 共著	1,100円

❖機　関❖

機関科一・二・三級執務一般	細井・佐藤須藤 共著	3,960円
機関科四・五級執務一般(3訂版)	海教研編	1,980円
機関学概論(改訂版)	大島商船高専マリンエンジニア育成会編	2,860円
機関計算問題の解き方	大西著	5,500円
舶用機関システム管理	中井著	3,850円
初等ディーゼル機関(改訂増補版)	黒沢著	3,740円
新訂 舶用ディーゼル機関教範	岡田他共著	4,950円
舶用ディーゼルエンジン	ヤンマー編著	2,860円
初心者のためのエンジン教室	山田著	1,980円
蒸気タービン要論	角田著	3,960円
詳説舶用蒸気タービン(上)(下)	古川・杉田 共著	9,900円 9,900円

なるほど納得!パワーエンジニアリング(基礎編)(応用編)	杉田著	3,520円 4,950円
ガスタービンの基礎と実際(3訂版)	三輪著	3,300円
制御装置の基礎(3訂版)	平野著	4,180円
ここからはじめる制御工学	伊藤 監修章	2,860円
舶用補機の基礎(増補9訂版)	島田・渡邊 共著	5,940円
舶用ボイラの基礎(6訂版)	西野・角田 共著	6,160円
船舶の軸系とプロペラ	石原著	3,300円
舶用金属材料の基礎	盛田著	4,400円
金属材料の腐食と防食の基礎	世利著	3,080円
わかりやすい材料学の基礎	菱田著	3,080円
エンジニアのための熱力学	刑部監修角田・山口共著	4,400円

■航海訓練所シリーズ（海技教育機構編著）

帆船　日本丸・海王丸を知る(改訂版)	2,640円	読んでわかる　三級航海　運用編(2訂版)	3,850円
読んでわかる　三級航海　航海編(2訂版)	4,400円	読んでわかる　機関基礎(2訂版)	1,980円